站在巨人的肩上
**Standing on Shoulders of Giants**

TURING
图灵教育

iTuring.cn

U0333197

站在巨人的肩上
Standing on Shoulders of Giants

TURING
图灵教育

iTuring.cn

TURING 图灵程序设计丛书

# Linux
# 程序设计基础

[美] 威廉·罗思韦尔（William Rothwell） 著

陈光欣 译

## Linux for Developers
Jumpstart Your Linux Programming Skills

人民邮电出版社

北　京

图书在版编目（CIP）数据

Linux程序设计基础 / （美）威廉·罗思韦尔
(William Rothwell) 著 ；　陈光欣　译. -- 北京：人
民邮电出版社，2019.8
　（图灵程序设计丛书）
　ISBN 978-7-115-51544-5

Ⅰ．①L… Ⅱ．①威… ②陈… Ⅲ．①Linux操作系统
—程序设计 Ⅳ．①TP316.85

中国版本图书馆CIP数据核字(2019)第124045号

内 容 提 要

　　本书是 Linux 入门书，旨在介绍在 Linux 操作系统上开发软件所需具备的知识。本书共分四部分，主
要内容包括：开源软件简介；Linux 操作系统基础知识介绍，包括文件系统、Linux 基本命令、文本编辑器、
系统管理等内容；Linux 编程语言概述，内容涵盖 BASH shell 脚本、Perl 脚本、Python 脚本，以及 C、C++
和 Java；流行的软件版本控制工具 Git。

　　本书适合所有对 Linux 编程感兴趣的读者阅读。

◆ 著　　　 [美] 威廉·罗思韦尔

　　译　　　 陈光欣

　　责任编辑　岳新欣

　　责任印制　周昇亮

◆ 人民邮电出版社出版发行　　北京市丰台区成寿寺路11号
　　邮编　100164　电子邮件　315@ptpress.com.cn
　　网址　http://www.ptpress.com.cn
　　北京鑫正大印刷有限公司印刷

◆ 开本：800×1000　1/16
　　印张：11
　　字数：260千字　　　　　　　　2019年 8 月第 1 版
　　印数：1－3 500册　　　　　　　2019年 8 月北京第 1 次印刷
　　著作权合同登记号　图字：01-2018-8361 号

定价：59.00元

读者服务热线：(010)51095183转600　印装质量热线：(010)81055316
反盗版热线：(010)81055315
广告经营许可证：京东工商广登字 20170147 号

"最好的朋友，就是当全世界都远离你时，唯一走进你生活的那个人。"

——香农·奥尔德

谢谢你，萨拉，我的爱人和妻子，谢谢你走进了我的生活。

"强者将人扛在肩头，而非踩在脚下。"

——迈克尔·沃森

爸爸妈妈，谢谢你们，谢谢你们的支持。

"七次跌倒，八次站起来。"

——日本谚语

谢谢你，茉莉娅，谢谢你的理解。

# 致　　谢

感谢所有帮助我完成本书的朋友。就像任何知书达理的作者应该说的，出版这样一本书要付出很多心血，本书是很多人一起努力和奉献的结果。

凯斯·莱特和马修·埃尔姆克，感谢你们的技术审阅。你们的反馈使得本书比我的原稿好得多，这是毫无疑问的。

克里斯·赞恩，我肯定找不到比你更好的编辑了，你让我看起来貌似也能自己组织出连贯的句子——这可不是一件简单的事！

德布拉·威廉姆斯·考利，感谢你看到了本书的价值，并在整个写作过程中一直施以援手。

# 前　　言

我认为本书是一段旅程的开始。你在这段旅程中的起点可能与他人不同，本书的目的是帮你掌握在 Linux 操作系统上开发软件所需具备的知识。

某些读者已有在基于 Windows 的平台上开发软件的经验，这些读者可以将本书作为一本指南，了解一下 Linux 系统上的软件开发与自己使用的平台有什么不同。

可能你已经在使用 Linux 进行工作了，现在想开始编写代码。同样，本书也会为你提供一个非常棒的起点。

本书分为四个部分。

第一部分，开源软件。这部分只有一章：第 1 章，开源软件简介。这一章介绍开源软件，包括它相对于闭源软件的优点，以及软件许可的一些基础知识。

第二部分，Linux 基础。这部分介绍 Linux 操作系统，内容既涉及终端用户，也涉及系统管理员，目标是帮助软件开发人员掌握使用 Linux 系统的必备知识。

- ❑ 第 2 章，Linux 简介。在这一章中，你将学习 Linux 的基础知识，包括如何访问 Linux 系统、如何使用基于 Linux 的图形用户界面（GUI），以及一些基本的命令行操作。
- ❑ 第 3 章，文件系统。这一章重点说明 Linux 是如何组织文件的。你将学习文件系统的概念，以及如何使用和管理文件系统。
- ❑ 第 4 章，基本命令。在这一章中，你将学习多个 Linux 命令，它们对于任何开发人员来说都至关重要。
- ❑ 第 5 章，文本编辑器。作为开发人员，你需要知道如何编辑文件。这一章重点介绍 vi 编辑器，这是一个在 Unix 和 Linux 中都很常用的文本编辑器。此外还会介绍其他几个 Linux 文本编辑器。
- ❑ 第 6 章，系统管理。即使是开发人员，知道如何进行系统管理也是非常有用的。在这一章中，你将学会如何添加软件以及如何管理用户。

第三部分，Linux 编程语言。这部分概述 Linux 系统上可用的编程语言。有多种语言供你选择！这部分的目标不是教会你每种语言的所有知识，而是通过对它们的介绍，帮助你确定哪种语言最适合你。

- ❏ 第 7 章，Linux 编程语言概述。这一章对编程语言进行总体介绍，重点在于说明脚本语言和结构化语言（即编译型语言）之间的区别。
- ❏ 第 8 章，BASH shell 脚本。这一章介绍 BASH shell 脚本语言。你将学习如何创建能与用户交互的代码，以及 BASH shell 编程语言的其他功能。
- ❏ 第 9 章，Perl 脚本。这一章重点介绍如何使用 Perl 脚本语言编程，还包括流控制和变量使用等内容。
- ❏ 第 10 章，Python 脚本。你将学习 Python 脚本的基础知识，包括多种 Python 变量类型，以及如何重用代码和进行流控制。
- ❏ 第 11 章，C、C++和 Java。你将学习在基于 Linux 的系统上创建 C、C++和 Java 代码的基本技术。

第四部分，使用 Git。这部分介绍一种非常流行的软件版本控制工具：Git。使用版本控制工具可以节省大量时间、金钱和精力，在多个开发团队协同工作时尤为如此。

- ❏ 第 12 章，Git 基础。这一章介绍 Git 的概念，包括版本控制的概念，以及 Git 的安装和功能。
- ❏ 第 13 章，使用 Git 管理文件。这一章介绍如何使用 Git 的一些功能，比如暂存、提交和分支。
- ❏ 第 14 章，管理文件差异。这一章重点介绍如何处理不同版本的文件。你将学习如何处理文件差异以及如何合并文件。
- ❏ 第 15 章，Git 高级特性。你将学习如何管理 Git 仓库以及如何进行补丁操作。

祝你一路顺风！

在 informit.com 上注册你购买的 *Linux for Developers*，就可以方便地获取已有的可下载资料、更新和勘误。[①]要进行注册，请先在 informit.com/register 页面上登录或创建新账户，然后输入本书的 ISBN 号 9780134657288 并点击 Submit 按钮。注册完成后，你可以在 "Registered Products" 中找到所有可用的优惠内容。

---

[①] 本书中文版勘误请到 http://www.ituring.com.cn/book/2468 查看和提交。——编者注

# 目　　录

# 第四部分　使用 Git

# 第一部分
# 开源软件

在开发软件时，你需要回答的一个重要问题是："软件将以何种许可方式发布？"要找到该问题的答案，可能需要经历一个艰苦的过程。

你必须确定要对代码提供何种保护，以及允许他人以何种方式使用你创建的软件。本部分只有一章，重点在于帮助你确定软件的许可方式。在这一章中，你将学习以下内容：

❑ 闭源软件与开源软件的区别；
❑ 开源保护的概念；
❑ 主要开源许可证之间的差别。

**第 1 章**

# 开源软件简介

如果你编写了一个非常棒的程序，想将其公之于众，这时就需要做一个非常重要的决定：软件使用哪种许可证？

这个决定将产生一些非常重要的影响，比如：

- ❑ 用户将如何使用你的软件；
- ❑ 代码对他人是可见的还是"隐藏"的；
- ❑ 其他开发人员能否使用你的代码来创建自己的程序；
- ❑ 其他人能否出售或转售你的程序。

**免责声明**

许可证的问题非常复杂，并且对软件的使用方式有重要影响。本书中的讨论旨在让你对各种不同的许可证有一个基本的了解，并不能作为法律上的建议。本书作者不想提供任何法律建议。你要做出任何关于软件许可证的决定，请一定考虑寻求正规的法律建议。

## 1.1 定义源代码

你需要回答的第一个问题最有可能是："这个软件是开源还是闭源的呢？"要回答这个问题，你首先需要知道什么是**源代码**。

软件是由一组指令组成的，这些指令由编程语言写成。现在有多种编程语言，包括 C、C++、Java、Perl、Python，等等。这种指令集合就称为源代码。图 1-1 就是一个由 C 语言写成的源代码示例。

```
/* Hello World program */

#include<stdio.h>

main()
{
    printf("Hello World");
}
```

图 1-1　用 C 写成的源代码

通常不能直接使用这种源代码来运行程序。多数语言需要一个编译过程，将源代码转换为操作系统能够理解的指令。编译的结果对人来说就是一堆垃圾数据，但对操作系统来说是有意义的。图 1-2 给出了将源代码转换为编译代码的示例。

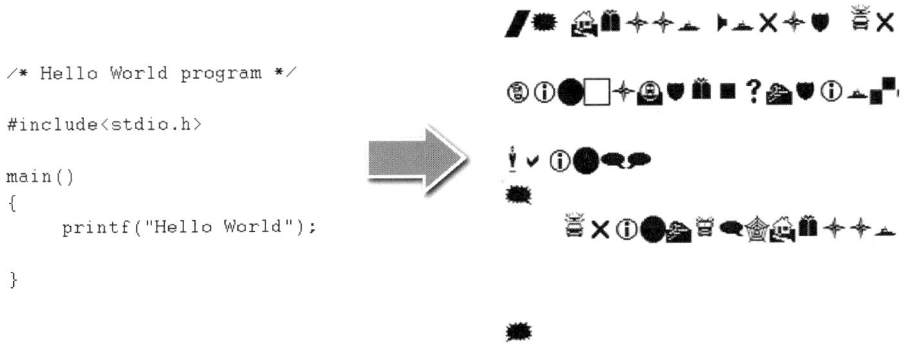

图 1-2　源代码转换为编译代码

如果你选择的软件许可方式为闭源，那么就可以只向客户提供编译后的代码。开源许可的软件还需要提供源代码。

## 1.1.1　闭源软件

**闭源软件**又称为**专有软件**，它的目的是将源代码作为一种秘密严密保护起来。它的思想是，如果他人看到了源代码，那么就可能会复制并非法使用，竞争对手可能会造成开发软件的组织遭受经济损失。可以想象，复制（抄袭）别人软件的成本要比自己开发软件低得多。

闭源软件这个名词还经常用来代替**商业软件**，但并不准确。商业软件必须购买才能使用。闭源软件和开源软件都可以商业化。具体的许可方式决定了软件是商业软件还是"自由"软件。[①]

以下是闭源软件的例子：

❏ Microsoft Windows

---

① 这里给"自由"加引号是有原因的。很快你就会看到，"自由"这个词在软件使用方面必须有一个明确的定义。

❏ Adobe Photoshop

❏ Apple macOS

## 1.1.2   开源软件

当软件的源代码和编译代码都可以获取时，就可以认为它是开源软件。[①]版权持有者的软件许可会授予用户特定的查看、修改和分发软件的权限。现在开源许可证的种类非常多，可以让你选择授予何种权限。

尽管有些开源软件从经济意义上说是免费的，但这并不是它们被视为开源软件的必要条件。开源指的是能获取源代码，与如何使用软件以及软件是否需要费用都没有关系。

常见的开源软件如下：

❏ Linux[②]

❏ Apache HTTP Server

❏ Firefox

❏ Git

❏ Openoffice.org

## 1.1.3   "自由"软件

对于软件来说，"自由"不见得是一个所有人意见一致的概念。有些人认为自由软件就是没有成本的软件，换言之，获取和使用这种软件没有任何花费。

但是，在软件使用方面，自由意味着什么呢？软件可以被用户任意使用，还是有某些限制？软件可以在世界上任何地方使用，还是有一些地理限制？你能自由地修改软件并分发修改后的免费版本，还是禁止这么做？如你所见，软件领域内的"自由"不是一个非常明确的概念。

理查德・斯托曼给出了"自由"的一种定义方法，并通过自由软件基金会（FSF）公之于众：

"自由软件基金会（Free Software Foundation）这个名称中的 'free' 指的不是免费，而是自由。首先，这种自由可以让你对程序进行复制并重新分发给周围的人，他们也能像你一样去使用；其次，这种自由下你可以对程序进行修改，可以控制程序，而不是让程序来控制你。因此，源代码必须要提供给你。"

---

[①] 实际上，一些开源项目只提供源代码，由使用代码的用户自行编译。此外，有些语言没有编译过程，所以用这些语言写成的程序只包括源代码。

[②] 从技术角度来讲，Linux 指的是 Linux 内核，也就是 Linux 操作系统的核心部分。Linux 操作系统上的多数软件也是开源的，但并不是说它们必须开源才能纳入 Linux 操作系统。

请注意，上面的定义强制规定了自由软件也必须是开源软件，但不是所有人都同意这一点，你在市场上会看到一些闭源的自由软件。

自由软件基金会定义了"四大自由"，由此给出了另一种定义"free"的方法。

- ❏ 自由之零：基于任何目的，按你的意愿运行软件的自由。
- ❏ 自由之一：学习软件工作原理并加以修改，使其按你的意愿进行工作的自由。可访问源代码是此项自由的先决条件。
- ❏ 自由之二：分发软件副本以帮助周围人的自由。
- ❏ 自由之三：将你修改过的软件版本分发给他人的自由，这样可以让整个社区有机会从你的修改中受益。可访问源代码是此项自由的先决条件。

这四大自由就是所谓 FOSS（Free and Open Source Software，自由开源软件）的核心思想。[①] FOSS 试图解决这样一个问题：何种软件可以被视为"自由软件"？这个定义强调了一个事实，即不是所有自由软件都是开源的。相反，也不是所有开源软件都是通过这四大自由进行许可的。

开源软件是个复杂的世界，要理解它以及"自由"在其中的含义需要一段时间。图 1-3 给出了一个图形说明，包括了开源软件的各种组成部分。

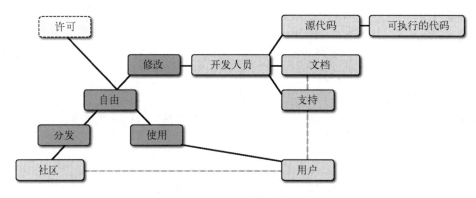

图 1-3　开源社区图解

图 1-3 突出体现了开源软件各个要素之间的复杂组合关系。开发人员编写源代码、创建文档并提供支持。然而，软件的用户也经常在这个过程中扮演重要角色。实际上，一些开源软件的支持和文档很少（甚至完全不是）来自于开发人员，而是依靠一个强大的用户群体（社区）来提供这些关键的环节。

请注意，图 1-3 还描述了修改、分发和使用软件的自由。这些自由是通过软件许可的方式实现的。

---

① FOSS 常与 FLOSS（Free/Libre and Open Source Software）这个名词交替使用。

## 1.2　选择开源许可证

你总是需要确定软件的许可方式，要么是闭源，要么是开源。在做这种决策时，要考虑到不同许可证的特点，这也是本节要深入讨论的内容。但是，我们还应先看一下创建开源软件的几种好处。

- ❏ 开源更容易获取信任。原因在于，通过查看源代码，他人可以确切地知道软件要做什么。
- ❏ 开源可以提高代码质量，缩短开发时间。通过其他开发人员对代码的评估和反馈，你可以更快地修改代码缺陷并提高代码质量，而且一般来说，这种评估是没有成本的。
- ❏ "免费"的开源软件可以扩大用户基数。与付费测试新软件相比，更多用户喜欢试用免费软件。
- ❏ 你还是可以使用"免费"的开源软件获取收益。还可以通过软件培训、售后支持合同以及各种附加服务来取得收入。

### 1.2.1　选项

现在的标准开源许可证有几十种，定制许可证数量更多。许可通常可以分为以下四类。

- ❏ 标准许可——通常允许其他软件产品重用的正式许可。一般来说，这种许可是针对一个具体国家的，其中很多都是以美国或欧洲法律为基础的。
- ❏ 国际许可——通常允许其他软件产品重用的正式许可。与标准许可不同，这种许可是为了在世界范围内使用而设计的。
- ❏ 特殊目的许可——为特殊情况而设计的许可方式。
- ❏ 不可重用许可——除授权的产品之外，不允许任何其他软件产品使用的许可。

### 1.2.2　关键名词

关于开源软件许可，你应该理解几个关键名词。一个名词是 copyleft，它确保了知识产权（IP）可以以开源软件的形式进行复制和分发。copyleft 的两种形式如下：

- ❏ 强 copyleft——所有衍生作品都必须使用与初始作品相同的 copyleft；
- ❏ 弱 copyleft——衍生作品不需要遵循初始作品的 copyleft 限制。

另一个重要的开源许可证名词是**宽松度**。这个名词是关于衍生作品和是否允许使用混合许可的。宽松度的两种形式如下：

- ❏ 严格式——有限制的混合许可（无封闭源代码或更宽松的许可）；
- ❏ 宽松式——允许混合许可。

**1**

## 1.2.3　示例

下面是常见的开源许可证列表。

❏ Apache 2.0 许可证

- 非常宽松
- 非 copyleft
- 可用于任何目的
- 分发和修改
- 允许衍生作品

❏ MIT 许可证

- 又称 X11 许可证
- 与 Apache 2.0 许可证相似
- 非常宽松
- 非 copyleft
- 可用于任何目的
- 必须保留版权信息
- 不提供代码质量担保，用户必须同意

❏ GNU 通用公共许可证（GPL）

- 强 copyleft
- 严格式宽松度
- 所有衍生作品都必须使用 GPL
- 有两个版本：v2 和 v3

❏ BSD 许可证

- 非常宽松
- 非 copyleft
- 三种形式

  ➢ 2 条款——同 MIT
  ➢ 3 条款——初始所有者不会为衍生作品做背书
  ➢ 4 条款——广告中必须向初始所有者致谢

### 1.2.4　有用链接

希望你对开源软件和许可证已经有了一个基本的理解。但很显然，这不是一个简单的问题，多花点时间研究一下哪种许可证对于你的项目和组织来说是最好的，这非常重要。除了咨询法律专家，你还可以在以下的 URL 中找到一些有用资源。

- ❑ http://choosealicense.com——这个工具通过一系列问题来帮助你确定哪种许可证最适合你的情况。它提供了一个好的起点，但在做出最终决定之前，你还是应该咨询一下法律专家。
- ❑ http://fsf.org——这个自由软件基金会网站提供了大量关于开源软件和许可证的有用信息。
- ❑ http://opensource.org——另一个可以学习更多关于开源许可证知识的宝贵资源。

**开源小幽默**

开源：free 是指"言论自由"（free speech）中的自由，不是"免费啤酒"（free beer）中的免费。
——佚名

## 1.3　小结

在这一章，我们了解了开源软件与闭源软件之间的区别，还介绍了自由软件的概念，最后学习了一些关于开源许可证的基础知识。到此为止，你应该能够确定使用何种类型的许可证来发布你的软件。但是请记住，在发布软件之前，你应该投入大量时间、努力和思考来决定许可证类型，因为许可方式对社区如何使用你的软件有很大的影响。

# 第二部分
# Linux 基础

如果想在基于 Linux 的操作系统（OS）上开发软件，那么知道如何与操作系统交互以及如何管理操作系统就非常重要了。接下来的五章内容将会为你在学习 Linux 工具和特性方面打下坚实的基础。

这几章着重介绍开发人员应该掌握的 Linux 知识。Linux 本身是个庞杂的话题，其中包括大量关于操作系统的内容。这一部分的目的是向你提供作为一名开发人员所需具备的知识，而不是把你当作普通的最终用户和系统管理员。[①]

接下来的五章将介绍以下内容：

❏ Linux 操作系统的核心概念；
❏ 什么是 Linux 发行版；
❏ 如何管理 Linux 文件系统；
❏ 所有软件开发人员都应该知道的重要 Linux 命令；
❏ 开发人员有必要了解的基本的系统管理任务。

---

① 当然，这部分内容对这些 Linux 用户也是有用的。

# 第 2 章 　 Linux 简介

Linux 到底是什么？答案很复杂。从技术上说，Linux 是一段被称为**内核**的程序。内核处理各种任务，比如引导系统、与硬件设备交互。内核本身并不向用户提供任何具体的功能，操作系统的其他部分（由文件系统和大量命令组成）才向用户提供各种有用的特性。

尽管从技术角度来看 Linux 只包括内核，但很多人仍然将整个操作系统称为 Linux。事实上，组成操作系统的软件集合称为 **Linux 发行版**（Linux distribution，又称 **distro**）。现在有很多发行版可供选择，这对 Linux 新手用户来说经常会造成一些困扰。

**什么是发行版？**

发行版是由某个组织维护的 Linux 软件集合，每种发行版都有些独有的特性。有些发行版是为通用目的而设计的，而有些则是为了某种特殊用途设计的，比如防火墙或 Web 服务器。

挑选出最适合你的发行版可能需要一些时间，distrowatch.com 这个网站可以帮你，本章后面也会提供一些补充信息。

## 2.1　访问 Linux 系统

你必须先安装一个 Linux 系统，然后才能去访问它。每种发行版都有不同的安装程序，所以本书不包括发行版的安装步骤。然而，以下内容可以提供足够的信息，让你能够成功地安装一个发行版。

❑ 首先，你要考虑一下使用哪种发行版，这个问题本章后面会详细讨论。

❑ 可以在虚拟机（VM）上安装发行版。通过使用虚拟机，你可以在仍然使用主机操作系统的情况下安装多个发行版。有若干种虚拟机软件可供选择，包括 VirtualBox、VMware 和 Parallels Desktop（针对 Mac 用户）。有些产品有免费版本，其余产品会收取一些许可费用。

❑ 在安装过程中，可以接受默认设置。一般情况下，默认设置会为你安装开发人员所需的软件。使用第 6 章中介绍的工具，你可以随时重新安装发行版，或者添加新的软件。

### 2.1.1　选择正确的发行版

通常，一个组织会花费大量时间来慎重选择最适合公司需要的 Linux 发行版。每种发行版都是不同的，没有"一种适合所有情况的发行版"这种解决方案。在选择发行版时，有很多特性需要考虑。

- **成本**——有些发行版是完全免费的，而有些则会收取一定的支持和更新费用。
- **特性**——有些发行版会基于本身的目的提供受限的软件访问。例如，某种安全强化的发行版只提供那些符合严格安全基准的软件。
- **功能**——有些发行版是为了满足某种特殊功能而特别定制的。例如，可能会为数据库应用主机特别设计一种发行版。
- **支持**——创建了发行版的组织会提供支持服务，也可能完全由某个社区来提供支持。对于多数在公司环境中使用的发行版来说，应该由创建并维护该发行版的组织来提供支持。

尽管以上这些可能不是你们组织在选择发行版时要考虑的全部特性，但它确实可以让你对通常需要考虑的特性有个大致的了解。因为现在大概有几百种发行版，所以我推荐你研究一下 http://distrowatch.com这个网站，该网站对多个 Linux 发行版及其特性和流行度进行了监测。

Linux 发行版通常分为以下三个大类。[1]

- **Debian**——Debian 是最早的 Linux 发行版之一，是硬核 Linux 极客的最爱。常见的 Debian 变种包括 Ubuntu 和 Mint。
- **Red Hat**——Red Hat Linux 比 Debian 出现得晚一些，是作为商业性发行版而设计的，它现在称为 Red Hat Enterprise Linux（RHEL）。因为是商业性的，所以使用 RHEL 要支付一定的许可费用（用于支持和更新）。但是，有几种基于 Red Hat 的免费发行版，包括 Fedora 和 CENTOS。
- **Slackware/SUSE**——Slackware 是这个发行版大类的"开山鼻祖"，SUSE 则是其中最流行的一种。和 RHEL 一样，SUSE 也是为商业目的而设计的，OpenSUSE 则是一个免费的变种。

对于本书来说，多数情况下使用哪种发行版无关紧要。但是，有些话题确实与发行版有关，当出现这种情况时，我会详细说明不同发行版之间的差异。除此之外，我还会在示例中使用不同的发行版，以强调各种 Linux 发行版的核心功能基本上是一致的。[2]

---

[1] 还有一些其他类别的发行版，但这三类是迄今为止用得最多的。如果你想看一下"分类树"（有点令人眼花缭乱），我建议你查看一下这张图片：https://upload.wikimedia.org/wikipedia/commons/1/1b/Linux_Distribution_Timeline.svg。

[2] 作为开发人员，你不必太纠结于该使用哪种发行版，这通常是公司系统管理员的选择。你应该重点关注不同发行版之间的区别，以及哪些区别会对开发人员造成影响（本书就是这么做的）。

## 2.1.1 登录

登录一个 Linux 系统通常有三种方式。

- □ **GUI 登录**——在笔记本电脑、台式机以及一些服务器上，基于 GUI 的登录是默认的。
- □ **命令行登录**——系统管理员通常不在服务器上安装 GUI 软件，因为它会耗费大量硬件资源（CPU、内存等）。在这种服务器上，一般使用命令行登录。
- □ **网络登录**——基于网络的登录既可以通过命令行（常用），也可以通过 GUI（不常用）。你登录的机器必须安装一种特殊的软件，并开启这种登录方式。

### 1. GUI 登录

允许你登录到 Linux 系统的软件称为**显示管理器**。现在有好几种显示管理器程序，每种登录界面的外观和体验都不同。从某种程度上说，登录界面是依赖于发行版的，因为支持发行版的组织往往偏爱某种显示管理器。但是，系统管理员可以选择安装不同的显示管理器，或者配置现有显示管理器的外观。图 2-1 给出了一个显示管理器的示例。

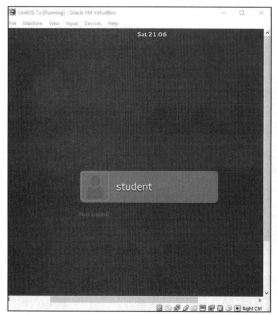

图 2-1　CentOS（左）和 MintOS（右）的默认显示管理器

好在不管你使用哪种显示管理器，基本操作是不变的。你或者从一个列表中选择用户名，或者在显示管理器提供的对话框中输入你的用户名，然后会提示你输入密码。当你有了更多经验之后，可以试一试显示管理器提供的其他选项，比如关闭系统。

### 2. 命令行登录

在多数情况下，当使用的服务器上没有 GUI 时，你只能使用命令行登录。但是如果你的系统有 GUI，还是可以使用命令行登录（即使你使用的是一台虚拟机）。按住键盘上的 Ctrl+Alt 键，再按 F2 键[1]，就可以进行命令行登录。图 2-2 给出了一个命令行登录界面的示例。

图 2-2　CentOS 命令行登录界面

如果想退出命令行环境，可以输入 exit，然后按回车键。如果想回到 GUI，按 Ctrl+Alt+F1，或者 Ctrl+Alt+F2。

### 3. 网络登录

你可以使用好几种技术通过网络登录一个远程系统。可用的技术依赖于两个因素：你从哪种系统进行登录，以及你要登录命令行界面（CLI）还是 GUI。

- ❑ **从微软 Windows 系统登录 Linux 系统**：因为微软的 Windows 系统一般不会提供登录 Linux 系统所需的软件，所以你很可能需要安装额外的软件。如果你想通过 CLI 登录，就需要安装一个 Secure Shell（SSH）客户端程序。如果你想登录到 GUI，就需要安装一个虚拟网络计算（VNC）客户端程序。[2]
- ❑ **从 Macintosh 系统登录 Linux 系统**：Macintosh OS 的核心是基于 UNIX 的，所以自带了一些客户端工具。例如，你可以打开一个终端窗口，使用 ssh 命令通过 CLI 登录一个 Linux 系统。你也可以安装一个 VNC 客户端软件，通过 GUI 登录 Linux 系统。
- ❑ **从 Linux 系统登录 Linux 系统**：你可以使用 ssh 命令登录。VNC 客户端应该也已经安装好了，如果没有，请联系系统管理员。[3]

---

① 如果使用的是虚拟机，可能会有不同的按键组合。
② 请注意，使用 VNC 时，通常需要在 Linux 主机上安装一个 VNC 服务器并进行配置。
③ 除非你有 root 权限。相关软件的详细信息见第 6 章。

在下面的示例中，本地计算机上的用户"bob"使用"student"账户登录了一台名为"remote"的远程计算机（注意：除了使用机器名，也可以使用 IP 地址）：

```
bob@ubuntu:~$ ssh student@remote
The authenticity of host 'remote' can't be established.
ECDSA key fingerprint is 8a:d9:88:b0:e8:05:d6:2b:85:df:53:10:54:66:5f:0f.

Are you sure you want to continue connecting (yes/no)? yes
Warning: Permanently added 'remote' (ECDSA) to the list of known hosts.
student@remote's password:
Welcome to Ubuntu 14.04.2 LTS (GNU/Linux 3.16.0-30-generic x86_64)
student@remote:~$
```

请注意一下关于密钥指纹的信息，以后将使用它来验证你登录的是正确的系统，而不是冒用了远程系统身份的虚假计算机。这个问题只在第一次登录该系统时出现。

要返回本地系统，执行 exit 命令即可。

## 2.2　使用 GUI

"使用 GUI"这个标题会有些误导，因为不止有一种 GUI。在使用 Linux 时，你可以选择多种**桌面程序**，每种桌面程序都以不同方式提供同样的基本功能，而且还有自己独有的特性。以下是现有桌面程序中的一小部分：

- ❑ GNOME
- ❑ KDE
- ❑ Unity+
- ❑ Cinnamon
- ❑ Xfce
- ❑ MATE

面对如此多的桌面程序，你或许会问："我应该使用哪一个呢？"从某种程度上说，在你选择 Linux 发行版时，这个问题就已经回答了。多数发行版都有一个"默认支持"的桌面程序，这个桌面程序会自动安装以供使用。尽管该发行版也可以使用其他桌面程序，但一般需要你单独安装。

有时候，发行版开发人员会提供一些选项，让你在安装发行版之前选择桌面程序。例如，如图 2-3 所示，它给出了一些 Mint 发行版的下载链接。

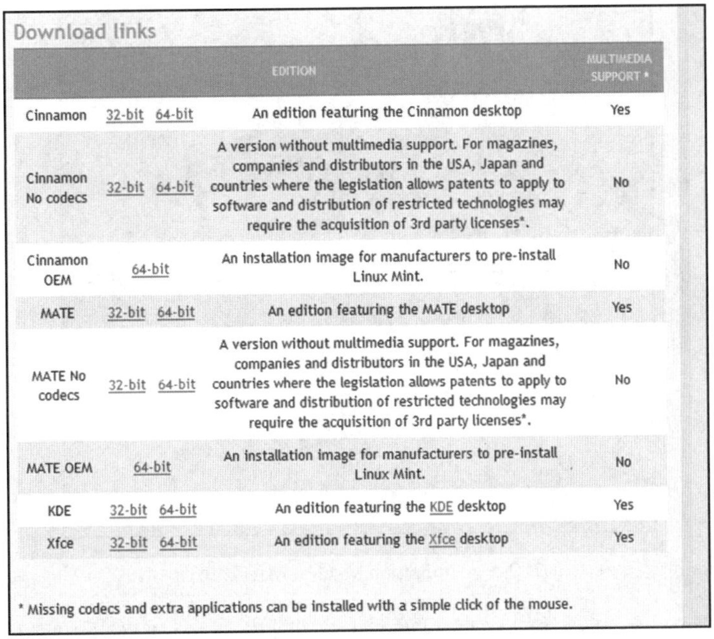

Download links

| | | EDITION | MULTIMEDIA SUPPORT * |
|---|---|---|---|
| Cinnamon | 32-bit 64-bit | An edition featuring the Cinnamon desktop | Yes |
| Cinnamon No codecs | 32-bit 64-bit | A version without multimedia support. For magazines, companies and distributors in the USA, Japan and countries where the legislation allows patents to apply to software and distribution of restricted technologies may require the acquisition of 3rd party licenses*. | No |
| Cinnamon OEM | 64-bit | An installation image for manufacturers to pre-install Linux Mint. | No |
| MATE | 32-bit 64-bit | An edition featuring the MATE desktop | Yes |
| MATE No codecs | 32-bit 64-bit | A version without multimedia support. For magazines, companies and distributors in the USA, Japan and countries where the legislation allows patents to apply to software and distribution of restricted technologies may require the acquisition of 3rd party licenses*. | No |
| MATE OEM | 64-bit | An installation image for manufacturers to pre-install Linux Mint. | No |
| KDE | 32-bit 64-bit | An edition featuring the KDE desktop | Yes |
| Xfce | 32-bit 64-bit | An edition featuring the Xfce desktop | Yes |

\* Missing codecs and extra applications can be installed with a simple click of the mouse.

图 2-3　Mint 下载链接

图 2-3 给出了一些不同的安装选项，主要按照桌面类型进行分类。此外，有系统管理权限的用户可以在一个 Linux 系统上安装多个桌面。如果有多个桌面，你可以在登录之前选择使用哪个桌面，如图 2-4 所示。

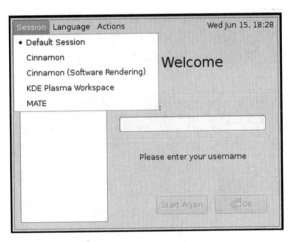

图 2-4　在登录时选择桌面

成功登录之后，你就会看到桌面。虽然不同桌面的整体外观和感觉是不同的，但要搞清楚一个特定桌面的功能并不需要很多时间。如图 2-5 所示，它显示了 MintOS 的默认桌面。

图 2-5　Cinnamon 桌面和 MATE 桌面

可以看出，Cinnamon 桌面和 MATE 桌面看上去非常相似。它们左下角都有一个菜单，可以让你使用其他程序和功能，而且都有快速启动图标，右下角都有像日期/时间这样的系统信息。确定选择之后，使用桌面进行操作就可以了，不用去记忆具体桌面的功能在哪里。

## 2.3　基本命令行操作

尽管 GUI 使得 Linux 操作非常容易，但多数用户和系统管理员还是使用命令行环境来完成系统任务。如果你使用 GUI 登录系统，那么可以通过打开一个终端窗口进入命令行环境。终端窗口是一个基于 GUI 的程序，它启动了一个可以让你输入命令的 shell 程序。图 2-6 给出了一个终端窗口的示例。

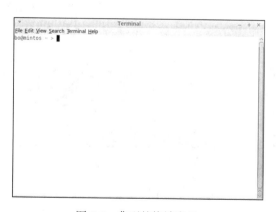

图 2-6　典型的终端窗口

Linux 中最常见的 shell 程序是 BASH shell[①]，本书中的示例都是基于 BASH shell 的。

## 2.3.1 命令行结构

命令包括三部分。

☐ **命令名**——就是命令的名称。
☐ **选项**——选项（又称**标志**）是一个预定义值，可以改变命令的行为。选项的格式不一，有时候是一个连字符后面跟着一个字母，如 `ls -a`；有时候是两个连字符后面跟着一个单词，如 `ls --all`；在一些特殊的情形下，选项只是一个字母，没有连字符。选项的格式依命令而定，因为有些命令支持单连字符方法，而有些命令支持双连字符方法（还有些两种都支持）。
☐ **参数**——参数用来为命令提供额外的信息，这种信息可以是文件名、用户名或主机名。

图 2-7 中给出了一个命令行结构的具体示例。

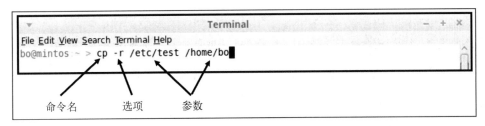

图 2-7　命令行结构

## 2.3.2 获取帮助

你或许会问，如何才能知道命令能接受哪些选项和参数呢。有若干种方法可以显示出能帮助你使用命令的文档，其中一种方法就是使用 `help` 命令：

```
bo@mintos:~ > help alias
alias: alias [-p] [name[=value] ... ]
    Define or display aliases.

    Without arguments, 'alias' prints the list of aliases in the reusable
    form 'alias NAME=VALUE' on standard output.

    Otherwise, an alias is defined for each NAME whose VALUE is given.
    A trailing space in VALUE causes the next word to be checked for
    alias substitution when the alias is expanded.

    Options:
```

---

① BASH 表示 Bourne Again SHell，它是基于一个名为 Bourne Shell 的较早的 UNIX shell 开发的。

```
    -p    Print all defined aliases in a reusable format

Exit Status:
alias returns true unless a NAME is supplied for which no alias has
been defined.
```

从 help aliase 命令的输出可知，这个命令接受-p 选项。因为是用方括号括起来的，所以这个选项不是运行命令所必需的。此外，你还可以在命令中加入一个 name 或 name=value 参数。同样，方括号表示这些参数也不是必需的，而且 name 也不是必须有=value 这个参数。

help 命令的一个缺点是它只对内置的 shell 命令有效，这些命令是 BASH shell 的一部分，不是独立**可执行的**[①]。你将要执行的命令大部分不是内置的 shell 命令，这时 help 命令就不那么有用了。

然而，几乎所有命令都可以通过一个名为 man（man 是 manual 的缩写）的命令调出可用的文档。要查看一个命令的手册页，可以执行 man *cmd*，并用命令名替换掉 *cmd* 即可。例如，要查看 cal 命令的手册页，可以执行 man cal。

**| 说明**

你最终会发现，不只是命令有手册页，配置文件等其他项目也有手册页。

一个特定命令[②]的手册页可能非常大，为了方便阅读，你可以使用几种按键在文档中移动：

- ❏ 空格键——向下滚动一屏
- ❏ 回车键——向下滚动一行
- ❏ b——向上滚动一屏
- ❏ /term——搜索 term 这个词
- ❏ h——显示帮助
- ❏ q——退出手册页

请注意，这只是用来显示手册页的几种命令，按 h 键可以查看完整的命令列表。

**| 有用的建议**

如果是第一次学习 Linux，你或许会觉得手册页很难用。其输出的格式和语法很难理解。我强烈建议你尽可能多地去练习阅读手册页。每学习一个新命令，都要查看手册页。试着找出该命令的一个新特性或选项。然后，根据你从手册页上学到的知识，测试一下你使用不同选项运行命令的能力。只要多加练习，就能掌握如何阅读手册页。

一个典型的手册页有若干不同的节。输出开始的一行如下所示：

---

[①] **可执行**本来是形容**程序**的一个词。如果一个文件可以像程序一样运行，那它肯定设置了可执行权限。
[②] 不只是命令有手册页，配置文件等其他项目也有手册页。

CAL(1)                    BSD General Commands Manual                    CAL(1)

这行表示命令和类别，本章稍后会介绍手册页类别。

下一节给出了命令的一个简单描述，如下所示：

```
NAME
     cal, ncal - displays a calendar and the date of Easter
```

在描述之后，是一个命令执行方式的摘要：

```
SYNOPSIS
     cal [-3hjy] [-A number] [-B number] [[month] year]
     cal [-3hj] [-A number] [-B number] -m month [year]
     ncal [-3bhjJpwySM] [-A number] [-B number] [-s country_code] [[month]
         year]
     ncal [-3bhJeoSM] [-A number] [-B number] [year]
     ncal [-CN] [-H yyyy-mm-dd] [-d yyyy-mm]
```

回忆一下，方括号表示非必需的有效选项。例如，你可以不使用任何选项和参数来运行 cal 命令：

```
bo@mintos:~ > cal
      July 2016
Su Mo Tu We Th Fr Sa
                1  2
 3  4  5  6  7  8  9
10 11 12 13 14 15 16
17 18 19 20 21 22 23
24 25 26 27 28 29 30
31
```

你也可以使用选项，比如-3：

```
bo@mintos:~ > cal -3
      June 2016             July 2016            August 2016
Su Mo Tu We Th Fr Sa  Su Mo Tu We Th Fr Sa  Su Mo Tu We Th Fr Sa
          1  2  3  4                  1  2      1  2  3  4  5  6
 5  6  7  8  9 10 11   3  4  5  6  7  8  9   7  8  9 10 11 12 13
12 13 14 15 16 17 18  10 11 12 13 14 15 16  14 15 16 17 18 19 20
19 20 21 22 23 24 25  17 18 19 20 21 22 23  21 22 23 24 25 26 27
26 27 28 29 30        24 25 26 27 28 29 30  28 29 30 31
                      31
```

但是，只允许使用摘要中指定的选项：

```
bo@mintos:~ > cal -2
cal: invalid option -- '2'
Usage: cal [general options] [-hjy] [[month] year]
       cal [general options] [-hj] [-m month] [year]
       ncal [general options] [-bhJjpwySM] [-s country_code] [[month] year]
       ncal [general options] [-bhJeoSM] [year]
General options: [-NC31] [-A months] [-B months]
For debug the highlighting: [-H yyyy-mm-dd] [-d yyyy-mm]
```

此外，你还可以指定月份和年份：

```
bo@mintos:~ > cal 3 1968
      March 1968
Su Mo Tu We Th Fr Sa
                1  2
 3  4  5  6  7  8  9
10 11 12 13 14 15 16
17 18 19 20 21 22 23
24 25 26 27 28 29 30
31
```

下一节给出了命令及其选项用法的更详细的介绍：

```
DESCRIPTION
     The cal utility displays a simple calendar in traditional format and
     ncal offers an alternative layout, more options and the date of Easter.
     The new format is a little cramped but it makes a year fit on a 25x80 terminal.
     If arguments are not specified, the current month is displayed.
     The options are as follows:
     -h       Turns off highlighting of today.
```

有些命令的手册页还有一个 See Also 节，其中包含了一个相关命令列表：

```
SEE ALSO
     calendar(3), strftime(3)
```

根据你查看的手册页的不同，你或许会看到另外的节，但这里已经介绍了最重要的几个节。

## 1. 手册页分类

现在有多种类型的手册页。例如，有普通用户执行的命令的手册页，有管理员执行的命令的手册页，还有库文件（供其他程序使用的程序）和系统配置文件的手册页。

这些不同类型的手册页被分成了多个类别[①]，下面 man 命令的手册页给出了这些类别：

```
bo@mintos:~ > man man
{output omitted}
        The table below shows the section numbers of the manual followed by
        the types of pages they contain.
        1    Executable programs or shell commands
        2    System calls (functions provided by the kernel)
        3    Library calls (functions within program libraries)
        4    Special files (usually found in /dev)
        5    File formats and conventions eg /etc/passwd
        6    Games
        7    Miscellaneous (including macro packages and conventions),
             e.g. man(7), groff(7)
```

---

① 我称它们为类别（category），但在手册页中被称为节（section）。我认为节这个词会造成混淆，因为在单个手册页中它已经被用来表示不同的页了。所以，为了避免混淆，我称这些手册页集合为**类别**。

```
8    System administration commands (usually only for root)
9    Kernel routines [Non standard]
```

多数情况下，你不必过于忧虑这些类别。当你执行 man 命令时，它首先会在类别 1 中搜索手册页，如果没有找到，就搜索下一个类别。[①]最后，如果找到了手册页，就把它显示出来；如果在任何类别中都没有找到手册页，就显示一个错误：

```
bo@mintos:~ > man nope
No manual entry for nope
```

有时候你必须指定类别。例如，有一个用户命令，名为 passwd（类别 1），还有一种文件格式，名称也是 passwd（类别 5）。如果你执行了 man passwd 命令，显示的就是 passwd 命令的手册页。要查看 passwd 文件的手册页，你必须执行 man 5 passwd 命令。

> **提示**
>
> 多数发行版中都有一个基于GUI的手册页阅读器，它更易于使用，使用xman命令就可以启动。

### 2. 信息文档

除了手册页，你会发现信息文档也是有用的。不是所有命令和文件都有信息文档，但只要有信息文档，它就是有用的，而且使用起来比手册页更方便。要使用信息文档，执行 info 命令，后面加上命令名称即可，例如 info ls。

信息页中的文档往往比手册页中的更丰富，其中节的组织方式也和手册页不同。信息页中的节不是一大段文本，而是超链接的形式。例如，如果向下滚动 ls 命令的信息文档（使用键盘上的下箭头），你会看到：

```
* Menu:
* Which files are listed::
* What information is listed::
* Sorting the output::
* Details about version sort::
* General output formatting::
* Formatting file timestamps::
* Formatting the file names::
```

这是一个子类菜单，将光标移动到菜单项上，再按回车键，就可以跳转到相应的内容。进入子类后，按 u 键就可以返回上一级。如果想看其他命令，可以按 H 或?键。

> **说明**
>
> 在帮助节中，按 l 可以退出帮助并回到信息页。使用 q 可以离开信息文档，回到命令行。

---

① man 配置文件中的这一行确定了搜索手册页时的类别顺序：

    SECTION 1 1p 8 2 3 3p 4 5 6 7 9 0p n l p o 1x 2x 3x 4x 5x 6x 7x 8x

**提示**

你可以从信息文档中学到很多。试着不带任何参数运行一下 info 命令，再向下滚动到菜单节，选择一个类别，按回车键，然后开始探索。

### 3. 附加文档

除了手册页和信息文档，你会发现/usr/share/doc 目录中的文件也很有用。在第 3 章中，我们将介绍如何使用文件系统，然后你就可以访问/usr/share/doc 目录中的文档了。眼下，你只要知道附加文档是保存在这个目录中就可以了（一般来说，这些文档更适合系统管理员，但目录中也有些适合终端用户的文档）。

**Linux 小幽默**

想知道在你工作时计算机是否真的在观察你吗？在终端窗口中输入 xeyes 命令来获取这个问题的答案吧（只在 GUI 环境中有效）。

## 2.4　小结

在本章中，我们首先学习了如何通过命令行、图形用户界面和网络登录一个 Linux 发行版。然后学习了各种不同桌面的知识，桌面提供了 GUI 的外观和体验。最后，学习了如何使用手册页和信息文档获取更多的帮助。

| 第 3 章 | 文件系统 | 3 |

无论你计划使用何种 Linux 发行版，都必须知道如何使用文件系统。文件系统将文件结构化地组织成目录。理解文件系统的结构并知道如何管理文件对于使用 Linux 是极其重要的。

## 3.1 理解文件系统

一般来说，新 Linux 用户都有一些其他操作系统的使用经验，比如微软的 Windows 系统。使用 Linux 文件系统的一个挑战是要理解它的结构与你以前使用的不一样。

例如，在微软 Windows 系统中，物理驱动器都被分配了一个字符，比如 C:或 F:，它们在"我的电脑"中是可见的。Linux 并不使用驱动器标识符或"我的电脑"图标，相反，所有驱动器（包括网络驱动器和可移动介质）都位于**根目录**下。

根目录用字符/表示。这个符号也用来在**路径**中分隔目录和文件名。你可以把路径看作获取文件或目录的途径。例如，路径/home/bob/sample.txt 指的是位于 bob 目录下、名为 sample.txt 的文件。bob 目录在 home 目录下，home 目录在根目录下。图 3-1 中给出了一个 Linux 文件系统的简单示例。

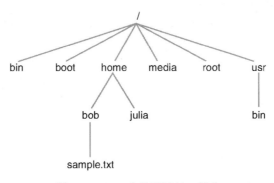

图 3-1　Linux 文件系统的一部分

## 3.1.1　了解最常用的目录

典型的 Linux 文件系统中有几千个目录。当你刚开始学习 Linux 时，不用了解所有这些目录，但需要知道几个非常重要的目录。

- /home——用户的主目录。每个用户在/home 目录下都有一个目录，他可以把自己的文件保存在这里。用户仅有几个总是具有创建和管理文件权限的地方，/home 就是其中之一。
- /root——根用户的主目录；Linux 系统的系统管理员账户称为根用户。根用户的主目录不在/home 目录下，而是在/root 目录下。[①]
- /bin——可执行文件（程序）。普通用户可以执行的大多数命令都在这里，或者在/usr/bin 目录下。
- /usr/bin——可执行文件（程序）。普通用户可以执行的大多数命令都在这里，或者在/bin 目录下。
- /sbin——系统管理员的可执行文件（程序）。系统管理员可以执行的大多数命令都在这里，或者在/usr/sbin 目录下。
- /usr/sbin——系统管理员的可执行文件（程序）。系统管理员可以执行的大多数命令都在这里，或者在/sbin 目录下。
- /media——可移动介质（也可以是/run/media）。你可以在这里找到关于可移动设备的文件，比如 CD-ROM 和 USB 设备。
- /tmp——临时文件。一般情况下，程序把文件保存在这个目录下，而不是放在用户的主目录中。

## 3.1.2　命名须知

创建文件或目录时，你应该考虑以下几条指导原则。

- 文件和目录具有同样的命名规则。
- 文件名是区分大小写的，也就是说名称为 Data.txt 的文件和名称为 data.txt 的文件是不同的。
- 允许使用特殊字符，但你应该避免使用空白字符（空格和制表符）和称为元字符的某些特殊字符（*、?、[、]、!、$、&等）。对 BASH 来说，元字符是特殊字符，在文件名和目录名中使用元字符时会出现问题。
- /字符用来分隔文件名和目录名：/usr/share/doc。所以，你不能在文件名和目录名中使用/字符。

---

[①] 这部分或许有点令人困惑，因为 Linux 中实际上有三个"root"（根）。/目录被称为**根目录**，因为它是文件系统的起点。系统管理员被称为**根用户**，根用户的主目录是/root **目录**。Linux 使用者通常称根目录为"斜杠"目录，以避免与/root 目录和根用户混淆。

❑ 允许使用扩展名（.txt、.cvs 等），但对 BASH 来说一般没有特别的意义。在个别情况下，有的命令要求文件有扩展名，但 Linux 和 BASH shell 通常不要求文件有特定的扩展名。但是，扩展名对用户非常有用，因为有了扩展名，就更容易理解文件的用途（有些 GUI 会使用扩展名来确定启动哪种程序）。

❑ 有几种预定义的特殊目录名：
  ■ ~——表示当前用户的主目录；
  ■ .——表示当前工作目录（使用命令行环境时的工作目录）；
  ■ ..——表示当前工作目录的上级目录。

## 3.2 浏览文件系统

在使用命令行环境时，你经常需要使用一个目录结构来访问文件或子目录。例如，你可能想查看一个特定目录中的文件。

第一次打开 shell 时，你会自动位于自己的主目录内。你所在的目录称为你的**工作目录**或当前目录。一个常见任务是将工作目录切换到另一个目录，这个过程称为**更改目录**。

在目录结构中引用文件或目录的方式是使用路径（或称路径名）。有两种类型的路径。

❑ **绝对路径**——总是从根目录开始的路径。例如，/home/bob/sample.txt。
❑ **相对路径**——从当前目录开始的路径。例如，如果你在/home 目录中，想访问 bob 目录（在/home 目录下）下的 sample.txt 文件，就可以使用 bob/sample.txt。

**说明**

绝对路径总是以字符 / 开始，而相对路径从来不以字符 / 开始。

为了帮助你理解绝对路径和相对路径之间的区别，请看图 3-2。

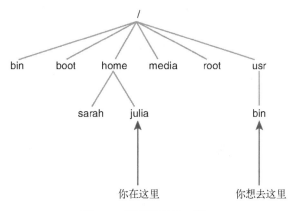

图 3-2　使用路径名，例#1

在这个例子中，你位于/home/julia 目录，想切换到/usr/bin 目录。要切换目录，你可以使用 cd 命令。要查看当前目录，你可以使用 pwd[①]命令。下面的例子使用了绝对路径：

```
julia@mintos:~ > pwd
/home/julia
julia@mintos:~ > cd /usr/bin
julia@mintos:/usr/bin > pwd
/usr/bin
```

请注意，提示符（julia@mintos:/usr/bin）表示出了当前目录，所以 pwd 命令不一定是必需的。但因为提示符是可定制的，所以并非总是如此。

下一个例子使用相对路径从/home/julia 目录转换到/use/bin 目录。请注意，在没有参数时，cd 命令会返回你的主目录：

```
julia@mintos:/usr/bin > cd
julia@mintos:~ > pwd
/home/julia
julia@mintos:~ > cd ../../usr/bin
julia@mintos:/usr/bin > pwd
/usr/bin
```

为什么使用..？因为相对路径要求从当前路径开始，你必须告诉 cd 命令"向上"两个层级，然后再向下到达 usr 目录和 bin 目录。

在这种情况下，显然绝对路径更方便，但并非总是如此，例如图 3-3 中的情形。

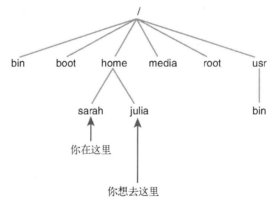

图 3-3　使用路径名，例#2

如果你想从/home/julia 目录移动到/home/sarah 目录，先使用绝对路径：

---

① pwd 表示 print working directory。在早期 UNIX 时代，显示器很稀有，所以输出通常被发送到打印机上。因为 UNIX 是 Linux 的前身，所以二者很多命令的命名都是一致的。

3

```
julia@mintos:/usr/bin > cd
julia@mintos:~ > cd /home/sarah
julia@mintos:/home/sarah > pwd
/home/sarah
```

再使用相对路径，比较一下：

```
julia@mintos:/home/sarah > cd
julia@mintos:~ > cd ../sarah
julia@mintos:/home/sarah > pwd
/home/sarah
```

在这种情况下，使用相对路径更简单一些。如果你位于目录结构中深达 20 个层级的目录，只想向上一个层级，再向下到达另一个子目录，那么使用绝对路径会需要大量的输入工作，而使用相对路径则会简单得多。这两种方法我们都要掌握，因为在多数情况下，其中一种方法会更简便。

## 3.3 管理文件系统

既然已经知道了如何从一个目录移动到另一个目录，你就会想看看目录中有什么，ls 命令可以列出目录中的文件：

```
julia@mintos:~ > cd /etc/sound/events
julia@mintos:/etc/sound/events > ls
mate-battstat_applet.soundlist
```

默认情况下，ls 命令显示出当前目录下除隐藏文件之外的所有文件。隐藏文件的文件名前面有个.符号。要想看到包括隐藏文件在内的所有文件，可以在 ls 命令中使用-a 选项：

```
julia@mintos:/etc/sound/events > ls -a
.  ..  mate-battstat_applet.soundlist
```

回忆一下，.表示当前目录，..表示当前目录的上一级目录。不管你在哪个目录中，总是会看到这两个隐藏文件[①]。

要想知道为什么有些文件是隐藏的，可以看看一个典型用户主目录中的文件：

```
julia@mintos:/etc/sound/events > ls -a ~
.   .bash_history  .bashrc  .config    .gimp-2.8  .local    .profile
..  .bash_logout   .cache   .face.icon  .kde       .mozilla
```

输出中的每个隐藏文件（有时候是目录）都包含有修改用户环境的信息。例如，.bashrc 和.profile 可以修改当前用户使用 BASH shell 的方式。.mozilla 目录包含有 Firefox 的配置信息，

---

① 你可能以为我是不是不小心地将.和..称作了文件。在 Linux 中，一切都可以被认为是文件，包括目录。目录只是一种特殊文件，它可以包括其他目录。一般情况下，我们都称这样的文件为目录，但我想利用这个机会说明一下，因为当你深入学习 Linux 的时候，就会发现这是很重要的。

Firefox 是由 Mozilla 基金会提供的一种 Web 浏览器。

你如何才能知道.bashrc 是个文件，而.mozilla 是个目录呢？使用-1 选项即可：

```
julia@mintos:/etc/sound/events > ls -a -l ~
total 48
drwxr-xr-x 8 julia julia 4096 Jul 14 17:26 .
drwxr-xr-x 5 root  root  4096 Jul 14 17:26 ..
-rw------- 1 julia julia   72 Jul 14 17:26 .bash_history
-rw-r--r-- 1 julia julia  220 Apr  8 2014 .bash_logout
-rw-r--r-- 1 julia julia 1452 Jan  5 2016 .bashrc
drwx------ 3 julia julia 4096 Jul 14 17:12 .cache
drwxr-xr-x 6 julia julia 4096 Jun  5 15:59 .config
lrwxrwxrwx 1 julia julia    5 Jun  5 14:40 .face.icon -> .face
drwxr-xr-x 2 julia julia 4096 Jan  5 2016 .gimp-2.8
drwxr-xr-x 3 julia julia 4096 Jan  5 2016 .kde
drwxr-xr-x 3 julia julia 4096 Jan  5 2016 .local
drwxr-xr-x 3 julia julia 4096 Jan  5 2016 .mozilla
-rw-r--r-- 1 julia julia  675 Apr  8 2014 .profile
```

如果你使用了-1 选项，那么每一行都是一个文件的详细描述信息。图 3-4 给出了这些详细信息的说明。

图 3-4　ls -l 命令输出的详细信息

ls -l 命令输出的详细信息。

❑ **文件类型**——d 表示目录，-表示普通文件。还有其他文件类型，但这是你应该知道的两个基本类型。[①]

❑ **权限**——用来控制对文件的访问权限。第 4 章将介绍权限。

❑ **硬链接数量**——一个更高级的话题，一般只有系统管理员才需要了解。这是一种与另一个文件名做硬链接并共享同一数据块空间的文件。

❑ **用户所有者**——文件的用户所有者对文件具有特殊的访问权限。例如，只有用户所有者（和根用户）才能修改文件的权限。

❑ **组所有者**——组所有者通过权限可以对文件进行特殊访问。

---

① 你还应该知道 1，它表示**符号链接**。符号链接是一种指向其他文件的文件。如果你具有 Windows 经验，那么符号链接就类似于桌面上的快捷方式。

❑ 文件大小——以字节计数的文件大小。[①]
❑ 修改时间戳——文件上次修改的日期和时间。[②]
❑ 文件名——文件的名称。

> **说明**
>
> 对于 ls 命令，你还可以使用许多其他选项。回忆一下第 2 章中的建议，在学习新命令时可以查看一下它的手册页。现在就是利用这个建议的绝佳机会！

**3** 

### 3.3.1 管理目录

要创建一个新目录，使用 mkdir 命令：

```
julia@mintos:~ > ls
julia@mintos:~ > mkdir data
julia@mintos:~ > ls -l
total 4
drwxrwxr-x 2 julia julia 4096 Jul 15 09:34 data
```

注意，这个命令可能会失败：

```
julia@mintos:~ > ls
data
julia@mintos:~ > mkdir test/samples
mkdir: cannot create directory 'test/samples': No such file or directory
```

命令失败是因为要在 test 目录中建立 samples 目录，test 目录必须存在。要同时建立 samples 和 test 目录，需要在 mkdir 命令中使用 -p 选项：

```
julia@mintos:~ > ls
data
julia@mintos:~ > mkdir -p test/samples
julia@mintos:~ > ls
data test
julia@mintos:~ > ls test
samples
```

要删除一个空目录，使用 rmdir 命令：

```
julia@mintos:~ > ls
data test
julia@mintos:~ > rmdir data
julia@mintos:~ > ls
test
```

rmdir 命令只能删除空目录：

---

[①] 以字节计数的文件大小不太好理解，尤其是对于大文件。可以使用 -h 选项来显示"人类可读"的文件大小。

[②] 如果文件在过去的 6 个月内被修改，这个时间戳就包括月份、日期和时间。如果文件的修改时间超过 6 个月，就用年份取代时间。

```
julia@mintos:~ > ls
test
julia@mintos:~ > rmdir test
rmdir: failed to remove 'test': Directory not empty
```

要删除整个目录结构，包括其中所有的文件和子目录，使用带有-r 选项的 rm 命令：

```
julia@mintos:~ > ls
test
julia@mintos:~ > rm -r test
julia@mintos:~ > ls
julia@mintos:~ >
```

> **说明**
>
> rm 命令通常用来删除文件，带有-r 选项后，它可以删除目录和文件。

在使用 rm -r 命令时要小心，你可能会意外地删除实际上要保留的文件。可以在使用 rm -r 命令时加上-i 选项，因为这样你就可以选择哪些文件可以删除。当出现提示问题时，如果想回答 "是"，就输入 y，如果想回答 "否"，就输入 n：[1]

```
julia@mintos:~ > rm -ri events
rm: descend into directory 'events'? y
rm: remove regular file 'events/mate-battstat_applet.soundlist'? y
rm: remove directory 'events'? n
```

## 3.3.2    管理文件

要复制一个文件，使用 cp 命令。你应该提供两个参数：要复制哪个文件和要将文件复制到哪里。

```
julia@mintos:~ > ls
events
julia@mintos:~ > cp /etc/hosts.
julia@mintos:~ > ls
events   hosts
```

回忆一下，.表示当前目录。

在使用 cp 命令时要小心，因为你会意外地覆盖一个现有文件。当目标（文件要复制到的地方）中已经存在一个同名的文件时，就会出现这种情况：

```
ulia@mintos:~ > ls -l hosts
-rw-r--r-- 1 julia julia 221 Jul 15 10:47 hosts
julia@mintos:~ > cp /etc/passwd hosts
julia@mintos:~ > ls -l hosts
-rw-r--r-- 1 julia julia 2074 Jul 15 10:52 hosts
```

---

[1] rm -ri 命令和 rm -ir 命令是一样的，它们和 rm -r -i 命令也是一样的。在多数情况下，单字符选项可以进行组合，顺序是无关的。

可以看出，原来的文件被覆盖了，因为文件大小改变了（从221字节变为了2074字节），修改时间戳也改变了。要避免覆盖现有文件，可以使用-i选项：

```
julia@mintos:~ > ls -l hosts
-rw-r--r-- 1 julia julia 221 Jul 15 10:56 hosts
julia@mintos:~ > cp -i /etc/passwd hosts
cp: overwrite 'hosts'? n
julia@mintos:~ > ls -l hosts
-rw-r--r-- 1 julia julia 221 Jul 15 10:56 hosts
```

-i选项表示"交互"模式，如果cp命令会覆盖现有文件，它会对你进行提示。

还有一些有用的文件管理命令，如下所示：

❑ mv——移动文件或目录；
❑ rm——删除文件；
❑ touch——创建一个空文件或更新现有文件的修改时间戳。

### 1. 通配符

假设你想把所有以.conf结尾的文件从/etc目录复制到自己主目录中一个叫作config的目录。你看了一下/etc目录，发现大约有20个这样的文件。你不想把每个文件的名称都输入一遍，这时就可以使用通配符。

使用通配符，你可以利用特殊字符来匹配文件名或目录名。例如，使用以下命令，你可以列出/etc目录下所有以.conf结尾的文件：[①]

```
julia@mintos:~ > ls -d /etc/*.conf
/etc/adduser.conf          /etc/insserv.conf         /etc/pam.conf
/etc/apg.conf              /etc/inxi.conf            /etc/pnm2ppa.conf
/etc/avserver.conf         /etc/kernel-img.conf      /etc/request-key.conf
/etc/blkid.conf            /etc/kerneloops.conf      /etc/resolv.conf
/etc/brltty.conf           /etc/ld.so.conf           /etc/rsyslog.conf
/etc/ca-certificates.conf  /etc/libao.conf           /etc/sensors3.conf
/etc/casper.conf           /etc/libaudit.conf        /etc/sysctl.conf
/etc/colord.conf           /etc/logrotate.conf       /etc/ts.conf
/etc/debconf.conf          /etc/ltrace.conf          /etc/ucf.conf
/etc/deluser.conf          /etc/mke2fs.conf          /etc/uniconf.conf
/etc/fuse.conf             /etc/mtools.conf          /etc/updatedb.conf
/etc/gai.conf              /etc/netscsid.conf        /etc/usb_modeswitch.conf
/etc/hdparm.conf           /etc/nsswitch.conf        /etc/wodim.conf
/etc/host.conf             /etc/ntp.conf             /etc/wvdial.conf
```

字符*表示"文件名中0个或更多个字符"。所以，你可以找出/etc目录中名称以0个或更多个字符开头，后面再加上.conf的文件。使用字符*，你可以把这些文件复制到自己主目录下的一

---

① 你可能想知道，为什么我在ls命令中使用了-d选项。别着急，稍后我会解释。

个目录中（如果你收到了关于某些文件的错误信息，也不必惊慌）：[①]

```
julia@mintos:~ > mkdir config
julia@mintos:~ > cp /etc/*.conf config
cp: cannot open '/etc/fuse.conf' for reading: Permission denied
cp: cannot open '/etc/wvdial.conf' for reading: Permission denied
julia@mintos:~ > ls config
adduser.conf          gai.conf           logrotate.conf      resolv.conf
apg.conf              hdparm.conf        ltrace.conf         rsyslog.conf
avserver.conf         host.conf          mke2fs.conf         sensors3.conf
blkid.conf            insserv.conf       mtools.conf         sysctl.conf
brltty.conf           inxi.conf          netscsid.conf       ts.conf
ca-certificates.conf  kernel-img.conf    nsswitch.conf       ucf.conf
casper.conf           kerneloops.conf    ntp.conf            uniconf.conf
colord.conf           ld.so.conf         pam.conf            updatedb.conf
debconf.conf          libao.conf         pnm2ppa.conf        usb_modeswitch.conf
deluser.conf          libaudit.conf      request-key.conf    wodim.conf
```

使用?字符可以表示一个单独的字符。所以，要找出/etc目录下文件名正好是 4 个字符的所有文件，可以使用以下命令：

```
julia@mintos:~ > ls -d /etc/????
/etc/acpi   /etc/dkms   /etc/init   /etc/mono   /etc/perl   /etc/udev
/etc/cups   /etc/dpkg   /etc/kde4   /etc/mtab   /etc/sgml   /etc/xrdb
/etc/dhcp   /etc/gimp   /etc/ldap   /etc/newt   /etc/skel
```

字符?可以匹配任意单个字符。如果你想匹配一个特定的字符，可以使用一组方括号，[]。例如，要匹配/etc目录下以字母 a、b 或 c 开头的文件，可以使用以下命令：

```
julia@mintos:~ > ls -d /etc/[abc]*
/etc/acpi                /etc/avserver.conf          /etc/chatscripts
/etc/adduser.conf        /etc/bash.bashrc            /etc/chromium-browser
/etc/adjtime             /etc/bash_completion        /etc/colord.conf
/etc/akonadi             /etc/bash_completion.d      /etc/compizconfig
/etc/alternatives        /etc/bindresvport.blacklist /etc/console
/etc/anacrontab          /etc/blkid.conf             /etc/console-setup
/etc/apg.conf            /etc/blkid.tab              /etc/cracklib
/etc/apm                 /etc/bluetooth              /etc/cron.d
/etc/apparmor            /etc/brlapi.key             /etc/cron.daily
/etc/apparmor.d          /etc/brltty                 /etc/cron.hourly
/etc/apport              /etc/brltty.conf            /etc/cron.monthly
/etc/apt                 /etc/ca-certificates        /etc/crontab
/etc/at.deny             /etc/ca-certificates.conf   /etc/cron.weekly
/etc/at-spi2             /etc/calendar               /etc/cups
/etc/avahi               /etc/casper.conf            /etc/cupshelpers
```

---

[①] 因为权限的问题，这个例子中的 cp 命令生成了一些错误信息。权限将在第 4 章中介绍。现在，如果你的命令生成了一些类似的错误信息，请稍安勿躁。

## 在[ ]中使用范围

注意，[abc]与[a-c]是一样的。使用-可以指定一个允许字符的范围。请确保它是 ASCII 码表中一个有效的范围。要想查看 ASCII 码表，可以使用 man ascii 命令。

通配符并不是专用于任何具体命令的，而是 BASH shell 的一部分。这非常重要，因为这意味着你可以在任何命令中使用通配符。BASH shell 会在命令运行之前解释通配符。

实际上，命令甚至不知道你使用了通配符。例如以下命令：

```
julia@mintos:~ > ls -d /etc/[xyz]*
/etc/xdg /etc/xemacs21 /etc/xml /etc/xrdb /etc/zsh
```

参数/etc/[xyz]*并没有传递给 ls 命令。BASH 会先将通配符转换为匹配的文件名。所以，如果你执行了命令 ls -d /etc/[xyz]*，实际上执行的是命令 ls -d /etc/xdg /etc/xemacs21 /etc/xml /etc/xrdb /etc/zsh。

这也是在 ls 命令中使用通配符时，应该加上-d 选项的原因。当运行 ls 命令并传递了一个目录名作为参数的时候，会列出这个目录下的所有内容：

```
julia@mintos:~ > ls /etc/xdg
autostart    menus Trolltech.conf user-dirs.conf user-dirs.defaults
```

当你使用通配符时，一些匹配文件实际上可能是目录。这样的结果可能是你不能接受的：

```
julia@mintos:~ > ls /etc/[xyz]*
/etc/zsh

/etc/xdg:
autostart menus Trolltech.conf user-dirs.conf user-dirs.defaults

/etc/xemacs21:
site-start.d

/etc/xml:
catalog            docbook-xml.xml.old  rarian-compat.xml    xml-core.xml
catalog.old        docbook-xsl.xml      sgml-data.xml        xml-core.xml.old
docbook-xml.xml docbook-xsl.xml.old  sgml-data.xml.old

/etc/xrdb:
Editres.ad Emacs.ad General.ad Motif.ad Tk.ad Xaw.ad
```

为了避免在结果中出现这些目录下的内容，应该在 ls 命令中使用-d 选项。-d 选项告诉 ls 命令："如果某个参数恰好是个目录，那么不要显示目录中的内容，只显示目录名就可以了。"

### 2. 重定向

假设你运行了一个命令，并想把命令输出保存在一个文件中供以后使用。在这种情况下，你就可以使用**重定向**。它的思想就是将命令的输出重定向到一个文件或另一个过程。你还可以将输入从一个文件重定向到一个命令。

每个命令都有三种数据流。

- ❑ **标准输入（stdin）**——发送到命令中的数据。它不是一个参数，而是发送到命令中的附加信息。这种数据通常来自于运行命令的用户。用户通过键盘提供这种数据。这种输入可以从一个文件或另一个过程中重定向。
- ❑ **标准输出（stdout）**——命令正常结束时发送出的数据。通常，数据会显示在屏幕上，但也可以发送到一个文件或另一个命令。
- ❑ **标准错误（stderr）**——命令出现错误时发送出的数据。通常，错误信息会显示在屏幕上，但也可以发送到一个文件或另一个命令。

要重定向 stdout，可以在命令后面使用>字符：

```
julia@mintos:~ > cal 12 2000 > mycal
julia@mintos:~ > cat mycal
   December 2000
Su Mo Tu We Th Fr Sa
                1  2
 3  4  5  6  7  8  9
10 11 12 13 14 15 16
17 18 19 20 21 22 23
24 25 26 27 28 29 30
31
```

### 说明

你可以使用 cat 命令显示小型文件，它会在第 4 章中介绍。

如果想创建一个新文件，或者覆盖现有文件中的内容，可以使用>字符。如果想在现有文件中追加内容，可以使用两个>字符：

```
julia@mintos:~ > cat mycal
   December 2000
Su Mo Tu We Th Fr Sa
                1  2
 3  4  5  6  7  8  9
10 11 12 13 14 15 16
17 18 19 20 21 22 23
24 25 26 27 28 29 30
31

julia@mintos:~ > date >> mycal
julia@mintos:~ > cat mycal
   December 2000
Su Mo Tu We Th Fr Sa
                1  2
 3  4  5  6  7  8  9
10 11 12 13 14 15 16
17 18 19 20 21 22 23
```

```
24 25 26 27 28 29 30
31
Sun Jul 17 07:24:51 PDT 2016
```

因为命令运行成功，所以 cal 命令和 date 命令的输出被认为是标准输出。请注意，如果因为某种原因命令运行失败（比如选项或参数不正确），那么在使用>和>>时，命令的输出就不会重定向到文件中：

```
julia@mintos:~ > cal -5 12 2000 > mycal
cal: invalid option -- '5'
Usage: cal [general options] [-hjy] [[month] year]
       cal [general options] [-hj] [-m month] [year]
       ncal [general options] [-bhJjpwySM] [-s country_code] [[month] year]
       ncal [general options] [-bhJeoSM] [year]
General options: [-NC31] [-A months] [-B months]
For debug the highlighting: [-H yyyy-mm-dd] [-d yyyy-mm]
julia@mintos:~ > cat mycal
julia@mintos:~ >
```

当出现错误时，命令将输出发送到 stderr。你可以使用 2>对这种输出进行重定向：[①]

```
julia@mintos:~ > cal -5 12 2000 > mycal 2> error
julia@mintos:~ > cat error
cal: invalid option -- '5'
Usage: cal [general options] [-hjy] [[month] year]
       cal [general options] [-hj] [-m month] [year]
       ncal [general options] [-bhJjpwySM] [-s country_code] [[month] year]
       ncal [general options] [-bhJeoSM] [year]
General options: [-NC31] [-A months] [-B months]
For debug the highlighting: [-H yyyy-mm-dd] [-d yyyy-mm]
```

在重定向 stderr 时，重要的注意事项如下。

❑ 2>或者创建一个新文件，或者覆盖现有文件中的内容。要想把 stderr 信息追加到现有文件中，可以使用 2>>。

❑ 要将所有输出——包括 stdout 和 stderr——都发送到一个文件中，可以使用以下命令：[②]

```
cmd > file 2>&1
```

❑ 有时候，你会想运行一个命令而不看到任何错误消息。如果想丢弃一个命令的输出，可以把它发送到一个文件中。这种文件被称为"位桶"或"黑洞"，因为所有发送给它的内容都会被丢弃掉。

stdout 和 stderr 的重定向是相当常见的操作，与之相反，stdin 的重定向则非常罕见。在演示

---

① 我们使用>对 stdout 进行重定向，使用 2>对 stderr 进行重定向，这看上去或许有点奇怪。然而，重定向 stdout 的官方方式是使用 1>。因为与 stderr 相比，我们更经常对 stdout 进行重定向，所以 BASH shell 允许你省略掉>字符前面的 1。

② 在 BASH shell 中你也可以使用这样的语法：cmd &> file。

stdin 的重定向之前，我们先做个练习，看看默认情况下 stdin 来自哪里。首先执行以下命令：

```
julia@mintos:~ > tr 'a-z' 'A-Z'
```

似乎这个程序被挂起了，但实际上它在等待 stdin。你可以从键盘提供 stdin。例如，输入一个句子，然后按回车键：

```
julia@mintos:~ > tr 'a-z' 'A-Z'
today is a good day to learn linux
TODAY IS A GOOD DAY TO LEARN LINUX
```

可以看出 tr 命令对输入做了何种处理。它把所有小写字母转换成了大写字母。显然，相对于从键盘输入，在一个文件上执行这种操作更有意义。遗憾的是，tr 命令不接受文件名作为参数（顺便说一下，要停止当前的 tr 命令，可以先按住 Ctrl 键，再按 C 键。这种操作一般用 Ctrl+C 来表示，或者简写为^C）：

```
julia@mintos:~ > tr 'a-z' 'A-Z' mycal
tr: extra operand 'mycal'
Try 'tr --help' for more information.
```

tr 命令只接受来自 stdin 的输入。所以，你需要告诉 BASH shell 从一个文件中提取 stdin 数据，而不是从键盘输入。要完成这个操作，可以使用<字符：

```
julia@mintos:~ > tr 'a-z' 'A-Z' < mycal
    DECEMBER 2000
SU MO TU WE TH FR SA
                1  2
 3  4  5  6  7  8  9
10 11 12 13 14 15 16
17 18 19 20 21 22 23
24 25 26 27 28 29 30
31
```

请注意，tr 命令的输出是通过 stdout 发送到屏幕上的。实质上它丢失了，但你也可以运行这个命令并将 stdout 重定向到一个文件（要确保它不同于初始文件）：

```
julia@mintos:~ > tr 'a-z' 'A-Z' < mycal > mynewcal
julia@mintos:~ > cat mynewcal
    DECEMBER 2000
SU MO TU WE TH FR SA
                1  2
 3  4  5  6  7  8  9
10 11 12 13 14 15 16
17 18 19 20 21 22 23
24 25 26 27 28 29 30
31
```

多数命令要求输入接受一个文件作为参数，所以你不用像重定向 stdout 和 stderr 那么频繁地重定向 stdin。但是，还是存在一些高级场景，这时候知道如何重定向 stdin 会非常有用。

对于 stdout，除了重定向到一个文件，还可以重定向到另一个命令。这非常有用，因为很多系统命令都要执行过滤或**分页**功能。[①]

例如，执行 ls -l /etc 这个命令。一般情况下，/etc 这个目录下包含了几百个文件，所以这个 ls 命令的输出会快速地滚过屏幕，这使得我们很难查看大量的信息。解决方案是将 ls 命令的输出发送给另一个命令，这个命令可以每次显示一页数据：ls -l /etc | more。

字符|用来将 stdout 重定向到另一个命令，作为|右侧命令的 stdin，在这个例子中就是 more 命令，它每次显示一页数据。第 4 章会更加详细地介绍 more 命令。现在，你可以使用空格键每次滚动一页，使用 q 键结束输出的显示，回到提示符状态。

这个过程称为**管道**操作，在你使用命令行环境工作时非常有用。如果这是你第一次接触管道操作，那么理解起来会有一点困难，所以我们给出了几张示意图来帮助你理解。首先是图 3-5，它展示了在没有使用管道时 ls 命令的工作过程。

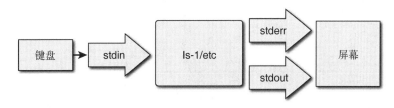

图 3-5 不使用管道的 ls -l 命令

下面与图 3-6 比较一下，其中来自 ls 命令的 stdout 通过管道输入到了 more 命令中。

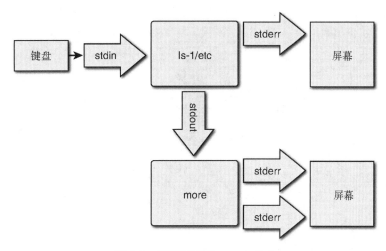

图 3-6 使用管道的 ls -l 命令

---

① 分页是指每次显示一页或一屏数据。

请注意，在图 3-6 中，只有 stdout 在使用管道时被重定向了，命令的 stderr 还是会直接显示在屏幕上。

**Linux 小幽默**

没有什么地方比~更好。[①]

## 3.4　小结

在这一章，我们学习了如何管理 Linux 文件系统，包括如何处理文件和目录，还介绍了使用通配符匹配文件名和目录名的方法。此外，还学习了如何将命令的输出和输入重定向到文件或其他命令。

---

① 原文为 There is no place like ~，模仿英文中的一句俗语：There is no place like home。~表示主目录（home directory）。

——译者注。

第 4 章

# 基本命令

Linux 中的大部分工作是在命令行环境中完成的。命令行环境又称为命令行界面（CLI），它提供了各种各样的工具。作为开发人员，你不需要掌握所有工具的用法，但了解一些关键的命令行工具可以使代码开发任务变得更加容易。

本章重点介绍所有开发人员都应该了解的基本 Linux 命令。本章内容基于第 2 章（基本命令行操作）和第 3 章（文件系统管理命令），将为你在 Linux 命令行环境中工作打下坚实的基础。

## 4.1 命令行工具

你可能想问："为什么要使用命令行工具？"如果你只有基于 GUI 的系统使用经验，比如微软的 Windows，就会认为 CLI 是属于计算机早年的黑暗时代的。但是，命令行工具在现代操作系统中仍有一席之地是有充分的原因的。

- ❑ **稳定性**：很多 Linux 命令源自 UNIX，已有几十年的历史。这种稳定性意味着 Linux 开发人员可以将精力集中在开发新工具上，而不是重新发明已有的功能。[①]
- ❑ **开发速度**：开发命令行工具的时间远远少于开发基于 GUI 的工具的时间。因此，对于创建 Linux 工具的开发人员来说，创建命令行工具要快于创建基于 GUI 的工具。
- ❑ **编写脚本**：假设你想每天执行一系列指令。如果使用基于 GUI 的工具，那你每天都要手动执行。使用命令行工具，你可以创建脚本，它是一组命令行工具的集合。在第 7 章和第 8 章中，你将学习关于脚本的更多知识。
- ❑ **使用速度**：尽管你开始可能不相信，但在命令行环境中执行任务更快（尤其是你擅长使用键盘打字的话）。一般来说，基于 GUI 的工具需要同时使用鼠标和键盘进行输入（想象一下"另存"一个文档的情况），当你不得不将手从键盘上拿下来使用鼠标的时候，就会拖慢速度（反之亦然）。此外，在 Linux 中，你可以快速地重新执行上一个命令，也可以调出前一个命令，编辑之后再次执行。在习惯了这些操作之后，你就可以更加快速地完成系统任务。

---

① 这也意味着你可以唤醒一个在 20 世纪 70 年代被低温冷冻的 UNIX 开发人员，他还是可以理解在 Linux 中工作所需的基础知识。但请注意，唤醒冷冻开发人员的过程已经超出了本书范围。

□ **能力**：你可以把命令组合起来，完成命令创建者从来没有想过的任务，也可以以一种更加优雅、有效、实用的方式完成任务。

**Linux 中有多少命令？**

作为一名导师，学生们经常问我："能提供一个 Linux 中所有命令的完整列表吗？"我很想知道，天文学家们是否被问过一个类似的问题："能提供一个天空中所有星星的完整列表吗？"

尽管 Linux 命令没有 1000 亿条，但也远远不是一个列表能够容得下的。一个典型的只有基础软件的"小型"安装最终会有几千条命令。在一个安装了很多可选软件包的系统上，命令超过 1 万条是稀松平常的事情。

我的建议是：不要煞费苦心地学习所有命令，要把重点放在那些对你的工作有帮助的命令上（对本书来说，是那些能帮助你开发代码的命令）。

## 4.1.1　查看文件

Linux 文件系统中的很多文件是文本文件。因此，有很多命令可以查看文本文件的内容。这一节介绍查看文件的多种命令。

### 1. `file` 命令

在查看文件内容之前，首先要确定内容是文本形式而不是其他形式。除了文本文件，Linux 还支持很多文件类型，包括压缩文件、包含可执行代码的文件以及数据库格式的文件。要确定文件包含何种类型的内容，可以执行下面的 `file` 命令：

```
[student@localhost ~]$ file /usr/share/dict/linux.words
/usr/share/dict/linux.words: ASCII text
[student@localhost ~]$ file /bin/ls
/bin/ls: ELF 64-bit LSB executable, x86-64, version 1 (SYSV), dynamically linked (uses
shared libs), for GNU/Linux 2.6.32, BuildID[sha1]=aa7ff68f13de25936a098016243ce57c3c9
82e06, stripped
[student@localhost ~]$ file /usr/share/doc/sed-4.2.2/sedfaq.txt.gz
/usr/share/doc/sed-4.2.2/sedfaq.txt.gz: gzip compressed data, was "sedfaq.txt", from
Unix, last modified: Mon Feb 10 09:11:16 2014, max compression
```

如果 `file` 命令的输出包含 "text"，比如 `file /usr/share/dict/linux.words` 的输出，那么你就可以使用本节介绍的命令查看它的内容。但是，你不能用这些命令查看 64 位 ELF 文件、**gzip** 压缩文件或其他非文本类型的文件。多数情况下，查看这些文件的结果是在屏幕上出现一大堆"垃圾"，有时候甚至会把你的终端窗口搞得一团糟。[①]

---

① 如果不小心查看了非文本类型的文件，终端窗口被"垃圾"字符弄得乱七八糟，可以输入 reset 命令并按回车键。别担心输入命令时还是一团糟，这个命令会正确执行并修复你的终端显示。

### 2. cat 命令

如果要查看一个小型文件的内容，那么 cat（concatenate 的缩写）命令的效果非常好：

```
[student@localhost ~]$ cat /etc/cgrules.conf
# /etc/cgrules.conf
#The format of this file is described in cgrules.conf(5)
#manual page.
#
# Example:
#<user>        <controllers>        <destination>
#@student      cpu,memory           usergroup/student/
#peter         cpu                  test1/
#%             memory               test2/
# End of file
*:iscsid net_prio cgdcb-4-3260
```

对开发人员非常有用的一个 cat 选项是-n，它可以加上行号。当查看执行时出现错误信息的脚本源代码时，这个选项非常有用，如代码清单 4-1 所示。[①]

**代码清单 4-1** cat -n 命令

```
[student@localhost ~]$ ./display.sh
Report of current contents of /etc:
./display.sh: line 5: [-d: command not found
[student@localhost ~]$ cat -n display.sh
     1 #!/usr/bin/bash
     2
     3 echo "Report of current contents of /etc:"
     4
     5 if [-d /etc]
     6 then
     7    echo -n "Number of directories: "
     8    ls -l /etc | grep "^d" | wc -l
     9    echo -n "Number of links: "
    10    ls -l /etc | grep "^l" | wc -l
    11    echo -n "Number of regular files: "
    12    ls -l /etc | grep "^-" | wc -l
    13 fi
```

### 3. more 和 less 命令

在显示大文件，cat 命令会有一些问题，你会发现它在显示文件时根本停不下来，而是一直滚动到底，就像你有超级英雄的速读技能一样。

要想在显示大文件内容时可以暂停，可以使用 more 或者 less 命令：

```
[student@localhost ~]$ more /usr/share/dict/linux.words
[student@localhost ~]$ less /usr/share/dict/linux.words
```

---

① 你想知道这个脚本的功能吗？继续学习这一章去寻找答案吧！

**为什么既有 more 命令又有 less 命令?**

为什么这两个命令做的是基本相同的事情? more 命令是最初的, less 命令是 more 命令的"增强版"(因此产生了这个笑话"less does more than more"[①])。

实际上, less 中的额外功能不是使用很频繁的功能, 至少对于多数 Linux 用户如此。more 命令也是非常有用的, 因为世界上所有 Linux (以及 Unix、MacOS 和 Windows)系统中都有这个命令。less 命令是一个可选软件包中的一部分, 在很多系统上不是默认安装的。

对于产生大量输出的命令, 也可以使用 more 或 less 命令来暂停它们输出的显示, 使用第 3 章中介绍过的管道操作符将命令输出发送给 more 命令即可:

```
[student@localhost ~]$ ls -l /etc | more
```

在使用 more 命令或 less 命令查看文件时, 你可以使用命令来控制显示。例如, 按空格键可以向下滚动一屏数据, 使用回车键可以每次向下移动一行。

使用 more 或 less 命令时, 有用的显示控制命令如下。

❑ 空格: 向下滚动一屏。
❑ 回车: 向下滚动一行。
❑ h: 显示帮助界面(命令概要)。
❑ q: 退出。
❑ /{模式}: 搜索{模式}。
❑ n: 找到下一个{模式}。
❑ :f: 显示文件名和当前行号。

**4. head 和 tail 命令**

有时候你可能只想显示文件的开头或结尾部分。例如, 你可能只想看看一个源代码文件开头的注释部分, 或者, 你只想显示一个日志文件最近的几条记录, 这些记录通常在文件的末尾。在这些情况下, 可以使用 head 和 tail 命令。

默认情况下, 这两个命令会显示 10 行。例如, 代码清单 4-2 中的命令显示了文件 /usr/share/dict/linux.words 的前 10 行。

**代码清单 4-2**　head 命令

```
[student@localhost ~]$ head /usr/share/dict/linux.words
1080
10-point
10th
11-point
```

---

① 这大概是我所知的最好笑的 Linux 笑话, 我要向本书后面出现的所有其他的 Linux 笑话道歉。

```
12-point
16-point
18-point
1st
20-point
```

使用选项-n 可以指定显示的行数。例如，命令 `tail -n 5 /etc/passwd` 可以显示文件 /etc/passwd 的后 5 行。

### 5. wc 命令

要显示一个文件的统计信息，比如文件中的行数、单词数和字符数，可以使用 wc 命令：

```
[student@localhost ~]$ wc display.sh
    13 59 291 display.sh
```

输出显示的是 display.sh 文件中的行数（13）、单词数（59）和字节数（291）。因为 display.sh 是个文本文件，所以字节数实际上就是字符数（1 字符=1 字节）。

可以使用以下选项限制或修改 wc 命令的输出。

- -c：显示字节数；
- -m：显示字符数（对于非文本文件，字符数与字节数是不同的）；
- -l：显示行数；
- -w：显示单词数。

## 4.1.2 搜索文件

你难免会放错文件或者不记得将文件保存到哪里。在这种情况下，你可以使用 locate 或 find 命令来搜索文件系统以找到丢失的文件。

### 1. locate 命令

每天早晨 Linux 系统都会创建一个数据库，其中包含了系统中所有文件和目录的列表。locate 命令是用来搜索这个数据库的。例如，要想查找 linux.words 文件，可以执行以下命令：

```
[student@localhost ~]$ locate linux.words
/usr/share/dict/linux.words
```

locate 命令搜索所有含有 "linux.words" 模式的文件，可能返回比你预想还多的结果。

```
[student@localhost ~]$ locate words | head
/etc/libreport/forbidden_words.conf
/etc/libreport/ignored_words.conf
/usr/include/bits/wordsize.h
/usr/lib64/perl5/CORE/keywords.h
/usr/lib64/perl5/bits/wordsize.ph
```

**2. find 命令**

locate 命令很有用，但也有若干不足。一个问题就是它搜索的是当天早些时候建立的数据库，所以，如果你忘记了一个当天晚些时候创建的文件，locate 命令就会找不到它。

find 命令搜索的是当前的文件系统，它花费的时间要比 locate 命令长（搜索数据库要快得多），但它确实能找到当前文件系统中的任何文件。find 命令的语法如下：

```
find [starting location] [option/arguments]
```

例如，要搜索 linux.words 文件，可以执行以下命令：

```
[student@localhost ~]$ find /usr -name linux.words
find: '/usr/lib/firewalld': Permission denied
find: '/usr/lib64/Pegasus': Permission denied
/usr/share/dict/linux.words
find: '/usr/share/Pegasus/scripts': Permission denied
find: '/usr/share/polkit-1/rules.d': Permission denied
find: '/usr/libexec/initscripts/legacy-actions/auditd': Permission denied
```

请注意，出现了一些错误信息，这是因为有些目录是不允许当前用户搜索的。这就是你要从子目录而不是从/目录开始搜索的一个原因。另一个原因是，从根目录开始搜索会搜索整个文件系统，这会花费很长时间。

你可以使用第 3 章中讨论过的重定向方法来屏蔽这些错误信息：

```
[student@localhost ~]$ find /usr -name linux.words 2> /dev/null
/usr/share/dict/linux.words
```

与 locate 命令相比，find 命令的另一个好处是它可以使用各种文件属性进行搜索。例如，你可以搜索属于某个特定用户的文件：

```
find /home -user student
```

常用来指定搜索内容的 find 选项如下。

- -mmin n——显示 $n$ 分钟之前修改过的文件。使用-mmin +n 可以搜索 "$n$ 分钟之前" 修改的文件，而使用-mmin -n 可以搜索 "$n$ 分钟之内" 修改的文件。
- -mtime n——显示 $n$ 天之前修改过的文件（严格说来是 $n*24$ 小时之前）。和-mmin 选项一样，可以使用+n 和-n。
- -group groupname——显示属于 groupname 组的文件。
- -size n——显示大小为 $n$ 的文件。$n$ 后面有一个表示大小单位的字符，例如，-size +10M 会显示大小为 10MB 或更大的文件。

find 命令找到文件之后，可以继续对文件进行处理。例如，可以使用-ls 选项给出每个文件的详细信息：

```
[student@localhost ~]$ find /usr -name linux.words -ls 2> /dev/null
22096370 4840 -rw-r--r--   1 root      root           4953680 Jun 9 2014
➥/usr/share/dict/linux.words
```

找到文件后，继续对文件进行处理的常用选项如下。

- ❑ -delete：删除文件。
- ❑ -ls：给出找到文件的一个长显示列表（类似于 ls -l 命令）。
- ❑ -exec {} \;：在找到的文件上执行一个命令。例如：

```
find /home/student -name sample.txt -exec more {} \;
```

**说明**

我知道这个命令的语法非常奇怪。简言之，find 命令会生成一系列这样的命令：more file1; more file2; more file3。{}表示要把找到的文件名放在哪里，\;告诉 find 命令"在每条命令中间放一个分号，按照单独的命令来处理"。

## 4.1.3　比较文件

作为一名开发人员，当你对现有程序进行改进或者缺陷修复时，就会得到不同版本的文件。这样就有可能造成混乱，因为有时候确定两个文件是否相同或者有多大差别是非常困难的。在这种情况下，你就应该使用 cmp 命令和 diff 命令。

### 1. cmp 命令

如果你只想确定两个文件是否有差别，而不是差别在哪里，那么可以使用 cmp 命令。根据下面命令的输出结果，文件 display.sh 和 show.sh 中包含相同的内容（这会导致执行 cmp 命令时没有输出），而 present.sh 中则包含不同的内容：

```
[student@localhost ~]$ ls *.sh
display.sh present.sh show.sh
[student@localhost ~]$ cmp display.sh show.sh
[student@localhost ~]$ cmp display.sh present.sh
display.sh present.sh differ: byte 66, line 5
```

cmp 命令也可以用于比较两个非文本文件。例如，你可以比较两个包含编译代码的文件。

### 2. diff 命令

如果你想知道两个文件有何种不同，就应该使用 diff 命令：

```
[student@localhost ~]$ diff display.sh present.sh
5c5
< if [-d /etc]
---
> if [ -d /etc ]
```

```
13a14,15
>
> echo "The end of the report"
```

diff 命令的输出结果实际上是说："如果你做了这些修改，那么这两个文件看上去就是一样的。"输出的每一部分都以一个编码开头，其中包括了第一个文件中的行、要进行的操作以及第二个文件中的行。例如，5c5 表示"修改第一个文件中的第 5 行，以使它与第二个文件中的第 5 行一致"。

编码行后面的那些行表示应该进行什么样的修改：

```
< if [-d /etc]
---
> if [ -d /etc ]
```

以<开头的行显示的是第一个文件中当前的第 5 行，---的作用仅仅是分隔行，以>开头的行显示的是第二个文件中当前的第 5 行。

## 4.1.4   shell 特性

为了成为更易用和功能更强的命令行环境，BASH shell 中加入了很多精心设计的特性。第 3 章已经介绍了其中一些特性，比如通配符和重定向。

在这一节，你将学习更多 BASH shell 特性，包括 shell 变量、别名和历史。掌握了这些特性的使用方法，你在 BASH shell 中的工作会更加游刃有余，你也会成为能力更强的软件开发人员。

### 1. shell 变量

和编程语言使用变量来保存值一样，BASH shell 也把关键的 shell 信息保存在变量中。要创建一个变量，可以使用这样的语法：VAR=value。要显示一个变量，可以使用 echo 命令并在变量名前面加上一个$字符：

```
[student@localhost ~]$ EDITOR=vi
[student@localhost ~]$ echo $EDITOR
vi
```

要显示所有变量，使用 set 命令。Linux 中有很多预定义的变量，所以你应该将结果通过管道操作输入到 more 命令或 head 命令，以此来限制结果的输出。代码清单 4-3 中给出了一个示例。

**代码清单 4-3**　set 命令

```
[student@localhost ~]$ set | head
ABRT_DEBUG_LOG=/dev/null
BASH=/bin/bash
BASHOPTS=checkwinsize:cmdhist:expand_aliases:extglob:extquote:force_
fignore:histappend:interactive_comments:login_shell:progcomp:promptvars:sourcepath
BASH_ALIASES=()
```

```
BASH_ARGC=()
BASH_ARGV=()
BASH_CMDS=()
BASH_COMPLETION_COMPAT_DIR=/etc/bash_completion.d
BASH_LINENO=()
BASH_REMATCH=()
```

shell 变量有三个基本作用。

❑ **为用户保存有用的信息**。例如：DOCS=/usr/share/docs。
❑ **为 shell 或一个命令保存有用的信息**。例如，EDITOR 变量用来告诉像 visudo 和 crontab 这样的命令默认使用哪种编辑器。要达到这个目的，你必须把这个变量转换为环境变量（参见"环境变量"补充说明）。
❑ **保存脚本数据**。在创建 BASH shell 脚本时，你会需要保存一些信息，这时变量就非常有用了（参见第 8 章了解关于 BASH shell 脚本编写的更多细节）。

**环境变量**

默认情况下，变量只有在创建了它们的 shell 中才是可用的。但是，通过将变量转换为环境变量，你可以告诉 shell 将它们传递给其他命令。

例如，如果你想将 EDITOR 变量传递给可在 shell 中执行的任何命令，可以使用以下命令：[1]

```
EDITOR=vi
export EDITOR
```

### 2. 别名

如果你每天都要使用 find 命令搜索文件系统来查找新的 shell 脚本：

```
find / -name "*.sh" -ls
```

那么有时候你就会扪心自问："为什么我每天都要输入这么一长串命令？"实际上你根本不需要。你可以为这个命令创建一个别名，它会更短，也更容易输入。例如：

```
alias myfind='find / -name "*.sh" -ls'
```

这样，当你执行 myfind 别名时，它就会运行那条长长的 find 命令。但是，在每次登录和每次打开一个新 shell 之后，你都必须重新创建这个别名。要想自动创建别名，可以把 alias 命令放在你主目录中一个叫作.bashrc 的文件中。你也可以使用这个文件创建每次登录系统时都想激活的变量。

### 3. 历史

你在 shell 中执行过的命令被保存在内存中以便重新执行。要查看这些命令，可以使用

---

① 你也可以一步到位：export EDITOR=vi。

history 命令（输出结果可能是几百个命令，所以要使用 tail 命令限制一下输出）：

```
[student@localhost ~]$ history | tail -n 5
 258 alias hidden='ls -ld .*'
 259 alias c=clear
 260 alias
 261 date
 262 history | tail -n 5
```

每个命令都被分配了一个编号，你可以在编号前面加上一个!字符重新运行该命令：

```
[student@localhost ~]$ !261
date
Sun May 1 01:06:21 PDT 2016
```

你还可以用上箭头键找回前一个命令。在重新执行命令之前，你也可以修改这个命令。

## 4.1.5   权限

理解文件和目录权限对于 Linux 开发人员非常重要，因为 Linux 是个多用户环境，权限就是设计用来保护你的工作不被他人影响的。要理解权限，你首先要知道 Linux 中可用的权限类型，以及这些权限应用在文件上和应用在目录上时有什么不同。

你还需要知道如何设置权限。Linux 提供了两种方法：符号法和八进制（数值）法。

### 1. 查看权限

要查看一个文件或目录的权限，可以使用 ls -l 命令：

```
[student@localhost ~]$ ls -l /etc/chrony.keys
-rw-r-----. 1 root chrony 62 May 9 2015 /etc/chrony.keys
```

结果中的前 10 个字符表示文件类型（回忆一下，-表示普通文件，d 表示目录）和文件的权限。权限分为 3 组：文件的用户所有者（在上个例子中是 root）、组所有者（chrony）和其他用户（可以表示为"others"）。

每一组都有 3 种可能的权限：可读（符号表示为 r）、可写（w）和可执行（x）。如果设置了权限，那么表示该权限的符号就显示在相应的位置，否则就显示一个-，表示该权限未设置。所以，r-x 表示"设置了可读权限和可执行权限，但没有设置可写权限"。

### 2. 文件权限与目录权限

根据对象是文件还是目录，可读、可写和可执行权限的实际意义也有所不同。对于文件，它们的意义如下：

❏ **可读**——可以查看或复制文件内容；
❏ **可写**——可以修改文件内容；

❏ **可执行**——可以像程序一样运行文件；你创建了一个程序之后，在运行之前必须给它可执行权限。

对于目录，权限的意义如下：

❏ **可读**——可以列出目录中的文件；
❏ **可写**——可以在目录中添加和删除文件（需要可执行权限）；
❏ **可执行**——可以 cd 到这个目录或在路径名中使用这个目录。

目录的可写权限可能是最危险的。如果一个用户在你的一个目录上有可写和可执行权限，那么他就可以删除目录中的所有文件。

### 3. 修改权限

chmod[①]命令用来修改文件权限，它有两种使用方法：符号法和八进制法。使用八进制法，三种权限分别被赋予了数值：

❏ 可读=4
❏ 可写=2
❏ 可执行=1

通过这些数值，可以使用一个数字来描述整个权限组：

❏ 7 = rwx
❏ 6 = rw-
❏ 5 = r-x
❏ 4 = r--
❏ 3 = -wx
❏ 2 = -w-
❏ 1 = --x
❏ 0 = ---

所以，如果想将一个文件的权限修改为 rwxr-xr--，可以执行以下命令：

```
chmod 754 filename
```

使用八进制权限，你必须给出 3 个数字，这会修改所有权限。但是，如果你只想修改一组权限呢？为此，你可以使用符号法，向 chmod 命令传递 3 个值，这些值如表 4-1 所示。

---

① 权限从前叫作**访问模式**（mode of access），chmod（change mode of access）命令就因此而得名。

表 4-1    符号法的值

| 谁 | 做 什 么 | 权 限 |
|---|---|---|
| u = 用户所有者 | + | r |
| g = 组所有者 | - | w |
| o = 其他用户 | = | x |
| a = 所有组 | | |

以下代码演示了向所有三个组（用户所有者、组所有者和其他用户）添加可执行权限的方法：

```
[student@localhost ~]$ ls -l display.sh
-rw-rw-r--. 1 student student 291 Apr 30 20:09 display.sh
[student@localhost ~]$ chmod a+x display.sh
[student@localhost ~]$ ls -l display.sh
-rwxrwxr-x. 1 student student 291 Apr 30 20:09 display.sh
```

# 4.2    开发人员工具

了解如何查看文件、修改文件权限和使用 shell 特性对于所有 Linux 用户来说都非常重要，但对于开发人员来说，还需要知道如何压缩文件以及如何使用功能强大的过滤工具——grep 命令。

## 4.2.1    文件压缩命令

作为开发人员，你肯定会遇到将文件从一个系统转移到另一个系统的情况。你可能会从互联网上下载软件，将你的程序上传到服务器，或者通过电子邮件将你的程序发送给什么人。在这些情况下，知道如何将多个文件合并成一个文件并对合并后的文件进行压缩是非常有用的，这样既可以更加容易和快速地传输大量数据，也可以占用更少的磁盘空间。

Linux 中有很多命令可以创建压缩文件，包括 gzip、bzip2 和 tar 命令。

### 1. gzip 命令

gzip 命令的作用是创建一个文件的压缩版本。默认情况下，它会使用压缩后的文件替换掉初始文件：

```
[student@localhost ~]$ cp /usr/share/dict/linux.words .
[student@localhost ~]$ ls -l linux.words
-rw-r--r--. 1 student student 4953680 May 1 09:19 linux.words
[student@localhost ~]$ gzip linux.words
[student@localhost ~]$ ls -l linux.words.gz
-rw-r--r--. 1 student student 1476083 May 1 09:19 linux.words.gz
```

如果你既想要压缩文件，也想保留初始文件，那么必须使用-c 选项将命令输出发送到标准输出并保留初始文件。当然，你不是真的想把输出发送到屏幕上，而是重定向到一个文件中：

```
[student@localhost ~]$ ls -l linux.words
-rw-r--r--. 1 student student 4953680 May 1 09:19 linux.words
```

```
[student@localhost ~]$ gzip -c linux.words > linux.words.gz
[student@localhost ~]$ ls -l linux.words linux.words.gz
-rw-r--r--. 1 student student 4953680 May 1 09:19 linux.words
-rw-rw-r--. 1 student student 1476083 May 1 09:23 linux.words.gz
```

### 说明

一般来说，在 Linux 中，像.txt和.cvs这样的扩展名不是必需的。但是，对于使用gzip命令创建的文件来说，扩展名则是非常重要的。这种工具在解压缩文件时，期望文件的扩展名是.gz。例如，如果你将压缩文件命名为 linux.words.zipped，那么在解压缩时，gzip 命令会试图使用文件名 linux.words.zipped.gz（因此命令会失败）。

要想解压缩一个 gzip 压缩文件，可以使用-d 选项：[①]

```
[student@localhost ~]$ ls -l linux.words.gz
-rw-rw-r--. 1 student student 1476083 May 1 09:23 linux.words.gz
[student@localhost ~]$ gzip -d linux.words.gz
[student@localhost ~]$ ls -l linux.words
-rw-rw-r--. 1 student student 4953680 May 1 09:23 linux.words
```

### 2. bzip2 命令

gzip 和 bzip2 的区别在于它们如何执行压缩操作。有时候 gzip 的压缩效果更好，有时候则是 bzip2 的压缩效果更优。二者之中 gzip 的历史更为悠久，也被认为更成熟，但在现代的 Linux 发行版中，bzip2 使用得更广泛。

幸运的是，bzip2 的开发者决定使用和 gzip 一样的选项：

```
[student@localhost ~]$ ls -l linux.words
-rw-rw-r--. 1 student student 4953680 May 1 09:23 linux.words
[student@localhost ~]$ bzip2 linux.words
[student@localhost ~]$ ls -l linux.words.bz2
-rw-rw-r--. 1 student student 1711811 May 1 09:23 linux.words.bz2
[student@localhost ~]$ bzip2 -d linux.words.bz2
[student@localhost ~]$ ls -l linux.words
-rw-rw-r--. 1 student student 4953680 May 1 09:23 linux.words
```

### 你应该使用哪一个？

请记住gzip和bzip2只是Linux众多可用压缩命令中的两个，其他压缩命令还有zip和xz。既然有这么多选择，我们使用哪个好呢？

如果你只关心在 Linux 中使用的压缩文件，那么只要考虑压缩率就可以了。所有工具都试一下，再找出压缩效果最好的（或者速度最快的，因为更高的压缩率通常意味着速度更慢）。

如果你的压缩文件可能会在其他平台上使用，比如微软的 Windows，那么我建议使用 zip 或 gzip，因为它们使用了更为标准的压缩算法。

---

① 你也可以使用 gunzip 命令。

### 3. tar 命令

gzip 和 bzip2 命令压缩单个文件的效果非常好，但如果我们要将一大堆文件合并在一起呢？一般来说，这时要使用 tar[①]命令。

要创建一个 tar 文件（又称 **tar 包**），可以使用以下语法：

```
[student@localhost ~]$ tar -cvf zip.tar /usr/share/doc/zip-3.0
tar: Removing leading '/' from member names
/usr/share/doc/zip-3.0/
/usr/share/doc/zip-3.0/CHANGES
/usr/share/doc/zip-3.0/LICENSE
/usr/share/doc/zip-3.0/README
/usr/share/doc/zip-3.0/README.CR
/usr/share/doc/zip-3.0/TODO
/usr/share/doc/zip-3.0/WHATSNEW
/usr/share/doc/zip-3.0/WHERE
/usr/share/doc/zip-3.0/algorith.txt
```

-c 选项的作用是创建 tar 文件，-v 选项表示 verbose，它会生成一个合并到 tar 文件中的文件的列表。-f 选项的作用是指定最终 tar 文件的名称。[②]

> **说明**
>
> 当你试图创建一个 tar 文件但忘了提供文件名时，会发生什么呢？你会得到以下的信息：[③]
>
> ```
> tar: Cowardly refusing to create an empty archive
> ```

要列出一个已有 tar 文件中的内容，可以使用-t 选项（t 表示 table of contents，即内容列表）：

```
[student@localhost ~]$ tar -tf zip.tar
usr/share/doc/zip-3.0/
usr/share/doc/zip-3.0/CHANGES
usr/share/doc/zip-3.0/LICENSE
usr/share/doc/zip-3.0/README
usr/share/doc/zip-3.0/README.CR
usr/share/doc/zip-3.0/TODO
usr/share/doc/zip-3.0/WHATSNEW
usr/share/doc/zip-3.0/WHERE
usr/share/doc/zip-3.0/algorith.txt
```

如果想从 tar 包中提取文件，可以使用-x 选项：

```
[student@localhost ~]$ tar -xf zip.tar
```

---

① 这个命令来源于 Tape ARchive（磁带存档）这个短语，也可以是 TApe aRchive。随你了。

② 请注意，对于 tar 命令，选项前面的-字符是可选的。所以，tar cvf 和 tar -cvf 是一样的。有些 Linux 命令不需要在选项前面加-。

③ 好吧，有些 Linux 笑话还是挺有意思的。

在当前目录下会出现一个 usr 目录，它的目录结构是 usr/share/doc/zip-3.0。所有提取出的文件都位于 zip-3.0 目录下。

默认情况下，tar 命令不进行压缩。但是，你可以让 tar 命令使用 gzip 或 bzip2 进行压缩，分别使用-z（gzip）和-j（bzip2）选项即可。

## 4.2.2　grep 命令

Linux 上现有的许多工具是设计用来对文本数据执行操作的，但对软件开发人员来说，最强大也最有用的命令是 grep 命令。这个命令是用来过滤的，它只显示那些匹配了某种模式的数据行。

> **grep 这个词的来源**
>
> 显然，grep 是一个人造单词，那么它从何而来呢？
>
> 它来自于 ed 编辑器（它是 vi 编辑器的前身，我们将在第 5 章中学习 vi 编辑器）的一个特性。在 ed 编辑器中，你可以使用以下语法只显示那些包含某个模式的行：
>
> :g/pattern/p
>
> 因为模式可以是个正则表达式（下一节将介绍正则表达式），所以 ed 文档一般将这个命令写为：
>
> :g/re/p
>
> 创建了 grep 命令的那个人（Ken Thompson）也是创建这个 ed 特性的人，所以他很自然地按照这个特性命名了这个命令。[①]

例如，要想查看一个 shell 脚本中的所有注释行，可以使用如下命令：

```
[student@localhost ~]$ grep "#" /etc/rc.local
#!/bin/bash
# THIS FILE IS ADDED FOR COMPATIBILITY PURPOSES
#
# It is highly advisable to create own systemd services or udev rules
# to run scripts during boot instead of using this file.
#
# In contrast to previous versions due to parallel execution during boot
# this script will NOT be run after all other services.
#
# Please note that you must run 'chmod +x /etc/rc.d/rc.local' to ensure
# that this script will be executed during boot.
```

默认情况下，grep 命令在匹配模式时不考虑它是不是另一个单词的一部分。在代码清单 4-4 的第 2 行，你可以看到这种匹配方式的结果，在单词 then 中匹配了 the。

---

[①] 通过这些 Linux 奇闻轶事，你肯定能在任何聚会上大出风头。

**代码清单 4-4    使用 grep 进行匹配**

```
[student@localhost ~]$ grep the /etc/bashrc | cat -n
    1 # will prevent the need for merging in future updates.
    2 if [ "$PS1" ]; then
    3  if [ -z "$PROMPT_COMMAND" ]; then
    4      if [ -e /etc/sysconfig/bash-prompt-xterm ]; then
    5      elif [ "${VTE_VERSION:-0}" -ge 3405 ]; then
    6      if [ -e /etc/sysconfig/bash-prompt-screen ]; then
    7   # if [ "$PS1" ]; then
    8 if ! shopt -q login_shell ; then # We're not a login shell
    9      # Need to redefine pathmunge, it gets undefined at the end
         ➥of /etc/profile
   10                  if [ "$2" = "after" ] ; then
   11      if [ $UID -gt 199 ] && [ "'id -gn'" = "'id -un'" ]; then
   12      # and interactive - otherwise just process them to set envvars
   13          if [ -r "$i" ]; then
   14              if [ "$PS1" ]; then
```

如果你只想匹配完整的单词，可以使用-w 选项：

```
[student@localhost ~]$ grep -w the /etc/bashrc | cat -n
    1 # will prevent the need for merging in future updates.
    2      # Need to redefine pathmunge, it gets undefined at the end
         ➥of /etc/profile
```

### 1. 正则表达式

第 3 章中介绍了通配符，它是一种特殊字符，BASH shell 使用它们在目录中匹配文件名。通配符的使用非常简单，因为文件名通常很短，而且并不复杂。然而，文件中的文本会丰富和复杂得多。要使用 grep 命令进行自由灵活的匹配，需要使用正则表达式（你可以把它看作“增强了的通配符”）。

正则表达式是一个庞大的话题（真的，它足以撑起一本比本书篇幅还要长的书）。作为一名开发人员，你不需要了解所有关于正则表达式的知识，所以为了帮你入门，我只介绍一些基础知识。

如以下示例所示，grep 命令在返回结果时，不管模式从行的哪里开始：

```
[student@localhost ~]$ grep "growths" /usr/share/dict/linux.words
growths
ingrowths
outgrowths
regrowths
undergrowths
upgrowths
```

如果你只想返回模式从头开始的那些行，可以在模式的开头使用正则表达式字符^：

```
[student@localhost ~]$ grep "^growths" /usr/share/dict/linux.words
growths
```

如果你只想返回模式在末尾的那些行，可以在模式的末尾使用正则表达式字符$。

**还记得代码清单 4-1 吗？**

代码清单 4-1 是一个 BASH shell 脚本（里面有错误），里面包含以下各行：

```
ls -l /etc | grep "^d" | wc -l
ls -l /etc | grep "^-" | wc -l
ls -l /etc | grep "^l" | wc -l
```

这些行将命令 `ls -l` 的输出发送给 `grep` 命令来显示文件数量。在 `ls -l` 命令的输出中，以字母 d 开头的行是目录。将这些输出发送给 `wc` 命令，你就可以得到一个表示/etc 目录中有多少个目录的计数值。

第 8 章将介绍这个脚本中其余部分的作用。

　　另外一个非常有用的正则表达式字符是 . 字符，它表示正好一个字符。在下面的例子中，`"r..t"` 在第 1 行和第 2 行中匹配了 "root"，在第 3 行中匹配了 "r/ft"：

```
[student@localhost ~]$ grep "r..t" /etc/passwd | cat -n
     1    root:x:0:0:root:/root:/bin/bash
     2    operator:x:11:0:operator:/root:/sbin/nologin
     3    ftp:x:14:50:FTP User:/var/ftp:/sbin/nologin
```

其他有用的 grep 正则表达式（其中有些要求使用表示扩展正则表达式的-E 选项）如下。

- `*`：匹配 0 个或多个字符。
- `+`：匹配 1 个或多个字符（要求使用-E 选项）。
- `.`：匹配任意单个字符。
- `[ ]`：匹配一个字符子集中的单个字符。[abc]匹配 a、b 和 c 中任意一个字符。
- `?`：匹配一个可选字符。a?表示"或者匹配字符 a，或者什么都不匹配"。
- `|`：匹配二者中任意一个。abc|xyz 或者匹配 abc，或者匹配 xyz（要求使用-E 选项）。
- `\`：去除一个正则表达式字符的特殊意义。\*只是简单地匹配字符*。

**说明**

正则表达式非常有用，它并不只适用于 grep 命令，还适用于很多其他 Linux 命令和编程语言。它是你扩展知识、成为能力更强的开发人员的极好方法。

**2. 使用 grep 搜索文件**

　　`find` 命令和 `locate` 命令在按名称搜索文件时非常有用，但它们不能根据文件内容搜索文件。如果使用-r 选项，`grep` 命令可以递归地搜索一个目录结构下的所有文件。

　　当你以这种方式使用 `grep` 命令时，可能会用到-l 选项，它可以列出匹配的文件名（而不是列出所有匹配文件中的所有行）。你可能还想重定向 STDERR，阻止因对文件和目录没有权限而产生的错误信息。代码清单 4-5 中给出了一个搜索/etc 目录下所有 BASH shell 脚本的例子。

**代码清单 4-5**   使用 grep 进行搜索

```
[student@localhost ~]$ grep -rl '^#!/bin/bash' /etc/* 2> /dev/null
/etc/auto.net
/etc/auto.smb
/etc/cron.daily/0yum-daily.cron
/etc/cron.daily/man-db.cron
/etc/cron.hourly/0yum-hourly.cron
/etc/init.d/netconsole
/etc/kernel/postinst.d/51-dracut-rescue-postinst.sh
/etc/NetworkManager/dispatcher.d/11-dhclient
/etc/NetworkManager/dispatcher.d/13-named
/etc/pki/tls/certs/renew-dummy-cert
/etc/ppp/ip-down
/etc/ppp/ip-up
/etc/ppp/ipv6-up
/etc/qemu-ga/fsfreeze-hook
/etc/rc.d/init.d/netconsole
/etc/rc.d/rc.local
/etc/rc.local
/etc/sysconfig/network-scripts/ifdown-eth
/etc/sysconfig/network-scripts/ifdown-tunnel
/etc/sysconfig/network-scripts/ifup-aliases
/etc/sysconfig/network-scripts/ifup-eth
/etc/sysconfig/network-scripts/ifup-sit
/etc/sysconfig/network-scripts/ifup-tunnel
/etc/sysconfig/network-scripts/ifup-wireless
/etc/sysconfig/network-scripts/ifdown-ib
/etc/sysconfig/network-scripts/ifup-ib
/etc/sysconfig/raid-check
/etc/vsftpd/vsftpd_conf_migrate.sh
/etc/X11/xinit/xinitrc.d/50-xinput.sh
/etc/X11/xinit/xinitrc.d/zz-liveinst.sh
/etc/X11/xinit/Xclients
/etc/X11/xinit/Xsession
```

### Linux 小幽默

谁还想去电影院呢？在你的 Linux 电脑上就能观看大屏幕好莱坞动作片。输入以下命令，捧起一桶爆米花，好好享受吧：

```
telnet towel.blinkenlights.nl
```

注：如果想停止这部"电影"，按住 Ctrl 键，再按]键，然后在 telnet>提示符后面输入 quit，再按回车键。

## 4.3   小结

到此为止，你应该已经具有了在 Linux 命令行环境中工作的坚实基础。你掌握了一些必要的知识，比如如何查看文件和使用 BASH shell 特性。你还知道了如何使用权限来保护你的文件。在下一章中，你将在这些工具的基础上学习一些开发人员应该熟悉的重要的系统管理任务。

## 第 5 章

# 文本编辑器

5

作为一名开发人员，你经常要编辑文本文件。这有时会是一项挑战，因为 Linux 提供了五花八门的编辑器。在很多情况下，你可以选择编辑器，但有时候你不得不使用某种标准编辑器，比如 vi 编辑器。

本章重点介绍 Linux 发行版中可用的编辑器，主要介绍的是 vi（或 vim）编辑器，因为不管你使用的是哪种 Linux 发行版，都可以在其中找到它。我们还会介绍几种其他的编辑器，以帮助你确定哪种编辑器最适合你的情况。

## 5.1 vi 编辑器

想象一下 UNIX（Linux 的前身）的早期时代：一名开发人员坐在键盘前面，准备编辑一个他正在使用的程序。他紧盯着打印机（是的，打印机，不是显示器），思考着要执行什么命令。在 20 世纪 70 年代早期，显示器还是非常罕见的，即使某个开发人员有一台显示器，它也主要是用来显示可执行代码的输出结果，不是用来交互式地编辑文件。

当时，开发人员使用一种简单的、基于命令的编辑器，比如 ed 编辑器。通过这种编辑器，开发人员可以执行多种操作，比如列出文件的内容（打印出文件），修改文件中的特定字符，或者保存文件的内容。但是，开发人员完成所有这些任务的方式在今天看来是非常奇怪的，他看不见正在编辑的内容，只能假设命令是成功的（或者把文件打印出来进行检验）。①

当显示器普及之后，使用 ed 编辑器编辑文本文件就显得十分笨拙了。20 世纪 70 年代中期，一个名为 vi（visual 的缩写）②的替代编辑器被引入了 UNIX。相对于 ed 编辑器，③它是一个巨大的进步，因为你确实能看到文档内容了，还能在其中四处移动。

---

① 在一些现代 Linux 发行版中，ed 编辑器仍然存在。试着在终端窗口中输入 ed，如果系统中确实有这个编辑器，那么你就进入了 ed 编辑器环境（基本就是个空白提示符）。实际上，唯一一条你想知道的 ed 命令就是 q，因为它可以让你退出 ed 编辑器。

② 顺便说一下，vi 的正确发音是 vee-eye，不是单音节的 vi。

③ 确切地说，它是 ex 编辑器的改进，ex 是 em 编辑器的改进，而 em 是 ed 编辑器的改进。可以使用这个 UNIX 轶事在下一次聚会上"款待"你的朋友，但转念一想，或许还是把这么宝贵的资料留给自己更好。

## 5.1.1 为什么要学习 vi

你很快就会发现，有些编辑器比 vi 更易用。这一发现会导致你提出一个问题："究竟为什么要学习 vi 编辑器？"有几个非常好的理由，使得你即使不是每天都使用 vi 编辑器，也应该好好地学习它。

- ❏ **vi 不需要任何 GUI**：本章介绍的很多编辑工具需要图形用户界面，一般情况下这不是个问题，但在很多服务器上不会安装 GUI，因为它常常会占用很多资源（CPU、内存和硬盘空间）。如果你可能会在服务器上编辑代码，那么就应该了解像 vi 这样的命令行编辑器。
- ❏ **vi 是个非常稳定的标准**：你可以找一位来自 20 世纪 70 年代的使用 vi 编辑器的低温冷冻开发人员，解冻之后他仍然可以使用现代 vi 编辑器编辑文件。当然，自 20 世纪 70 年代以来，vi 编辑器一直在添加新特性，但它的核心功能没有改变，这使得你很容易在整个职业生涯中一直使用它，不用"重新学习"如何使用新版本。
- ❏ **vi 一直在那里**：在所有 Linux 发行版（以及所有 UNIX 发行版）中都有 vi 编辑器。你掌握了如何使用 vi 编辑器编辑文件之后，就可以在任意 Linux 机器上编辑文件。[①]
- ❏ **使用速度**：尽管你开始可能不相信，但你确实可以使用 vi 编辑器快速地编辑文件。的确，这需要多年的实践，但因为你在编辑文件时从来不需要使用鼠标，也从来不需要将手从键盘上拿开，而且命令也非常简洁，所以你可以非常快速地编辑文件。

## 5.1.2 什么是 vim

vim 编辑器[②]作为 vi 编辑器的复制品，发布于 1991 年。vim 编辑器的基本功能和 vi 是一样的，但它有很多附加特性，其中一些对于软件开发人员非常有用。

你使用的发行版可能只有 vi 编辑器，也有很多发行版既有 vi 编辑器也有 vim 编辑器。在有些发行版中，vi 命令实际上是一个到 vim 编辑器的链接。

要想知道你使用的编辑器是 vi 还是 vim，一个简单的方法就是试着运行一下 vi 命令。如果使用的是 vim，就会显示出这样的消息：VIM - Vi IMproved。如果没有这条消息，那么你使用的就是标准 vi 编辑器。[③]

> **说明**
>
> 除非特别说明，否则本章中的命令既能在 vi 中也能在 vim 中工作。任何只能在 vim 中工作的命令都会特别指出。

---

① 尽管 vi 编辑器是可以去除的，但我从未听说过任何发行版这么做。

② vim 是 Vi IMproved 的缩写。

③ 如果想离开 vi/vim，输入 :q 再按回车键。

### 5.1.3 基本 vi 命令

要想成为专家级的 vi 用户需要大量实践，但如果只想高效地编辑文件，则只需掌握大量 vi 命令中的一部分就够了。

编辑一个大文件有助于我们练习 vi 命令。所有 Linux 发行版中都有一个/etc/services 文件，它一般有几千行。你可以先把这个文件复制到你的主目录中，然后使用 vi 命令编辑这个副本：

```
[student@fedora ~]$ cp /etc/services .
[student@fedora ~]$ vi services
```

#### 1. 进入插入模式

第一次启动 vi 编辑器时，你处在命令模式。这种模式允许你执行命令，比如在屏幕上移动、复制文本和删除文本。

在命令模式下，你不能向文档中插入新文本，因为键盘上的所有键都被分配了命令任务。要插入新文本，你必须使用一些命令从命令模式切换到插入模式。能进入插入模式的命令如下：

- i——在光标位置之前插入新文本；
- a——在光标位置之后插入新文本；
- I——在行的开头插入新文本；
- A——在行的末尾插入新文本；
- o——在光标所在行下面打开一个新行，在这个新行中插入新文本；
- O——在光标所在行上面打开一个新行，在这个新行中插入新文本。

图 5-1 给出了 vi 命令工作的一个实际示例。

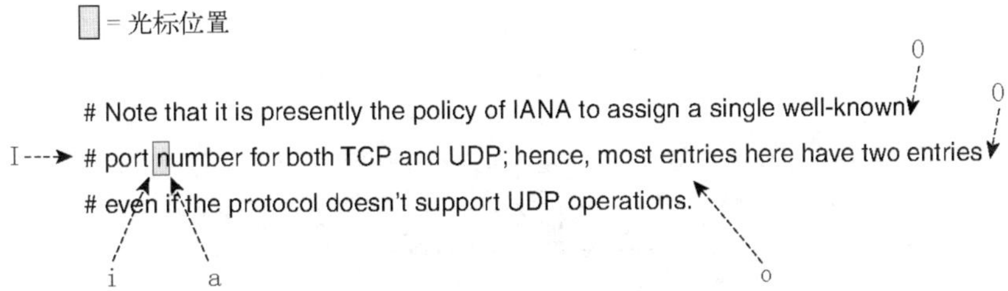

图 5-1　能进入插入模式的 vi 命令

请注意，当使用 vim 编辑器并进入插入模式时，屏幕下方会有些改变，以标识现在位于插入模式，见图 5-2 中屏幕下方的-- INSERT --。

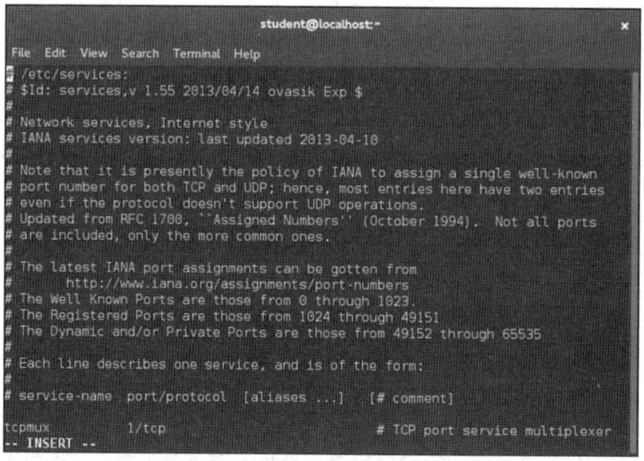

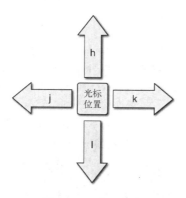

图 5-2　插入模式

　　如果你使用的是标准 vi 编辑器，那么在默认情况下屏幕底部就不会出现-- INSERT --。要想在标准 vi 编辑器中激活这个特性，可以在命令模式下输入以下命令：

`:set showmode`

　　如果你想回到命令模式，按 Esc 键即可，在文档中这个键通常表示为<ESC>。如果你回到了命令模式，-- INSERT --就会从屏幕底部消失。

### 2. 移动命令

　　在命令模式下，你可以使用各种各样的键在文档里移动光标。一种常用的方法是将光标向左或向右移动一个字符，或者向上或向下移动一行。你可以使用键盘上的箭头键做这种移动，也可以使用 h、j、k 和 l 键，①如图 5-3 所示。

图 5-3　vi 移动命令

---

①　既然可以使用箭头键，为什么还要使用 h、j、k 和 l 键呢？因为在开发 vi 编辑器的时候，多数键盘还没有箭头键。即使是现在，机架服务器有时候也会连接一些键盘上缺少箭头键的老旧终端。

还有很多其他可用的移动命令，如下所示。

- ❑ `$`：移动到当前行的最后一列（最后一个字符）。
- ❑ `0`：移动到当前行的第一列（第一个字符）。
- ❑ `w`：移动到下一个单词或标点的开头。
- ❑ `W`：跳过下一个空白。
- ❑ `b`：移动到前一个单词或标点的开头。
- ❑ `B`：移动到前一个单词的开头，忽略标点。
- ❑ `e`：移动到下一个单词或标点的末尾。
- ❑ `E`：移动到下一个单词的末尾，忽略标点。
- ❑ `)`：向前移动一个句子。
- ❑ `(`：向后移动一个句子。
- ❑ `}`：向前移动一段。
- ❑ `{`：向后移动一段。
- ❑ `H`：移动到屏幕最上。
- ❑ `M`：移动到屏幕中央。
- ❑ `L`：移动到屏幕最下。
- ❑ `[[`：移动到文档开头。
- ❑ `]]`：移动到文档末尾。
- ❑ `G`：移动到文档末尾（和`]]`作用相同）。
- ❑ `xG`：移动到第 $x$ 行（也可以使用`:x`）。

请注意这只是一部分移动命令。建议花些时间来练习这些移动命令，然后创建一个速查表，把你认为最有用的命令记录下来。在你学习了其他有用命令之后，可以再向这个速查表中添加更多内容。[①]

### 3. 重复修饰符

在上一节，你或许已经发现，在命令模式下，如果在 `G` 命令前面加一个数字，就可以跳转到文档中相应的行。例如，命令 `7G` 会让你跳转到文档中的第 7 行。

放在命令前面的数字可以作为修饰符。在命令模式下，你可以在很多命令上使用修饰符，例如：

- ❑ `3w`——向前移动 3 个单词；
- ❑ `5i`——将某内容插入 5 次；[②]

---

① 或者访问 "Vi lovers" 这个页面（http://thomer.com/vi/vi.html），然后在 "Vi pages/manuals/tutorials" 部分下载一些参考资料。就个人而言，我宁愿自己总结，因为其他人认为有用的命令并不一定对我也有用。

② 使用这种命令一定要当心。我曾经在按 i 键进入插入模式之前不小心按了两次 8 键。在输入了好几页文本之后，我按了 Esc 键，然后就把输入的内容重复插入了 88 次。继续阅读，看看我是怎么快速处理好这个问题的。

❏ 3{——向后移动 3 个段落。

你还可以在像删除、复制和粘贴这样的命令上使用重复修饰符。通常，如果在命令模式下，你想多次重复执行一个命令，就可以使用重复修饰符。

### 你在练习这些命令吗？

我已经建议你将/etc/services 文件复制到你的主目录了，你可以用这个文件练习这些命令。请记住，如果在插入模式下遇到了困难，按 Esc 键就可以回到命令模式。

如果你把这个文件弄得一团糟，也不用担心，它只是供我们练习的，而且我们马上就会学习如何改正错误。

#### 4. 撤销

在命令模式下输入 u，你可以撤销对文档做的任何修改。在标准 vi 编辑器中，你只能撤销一个操作；[①]实际上，u 命令就是用作撤销/重做键的。

如果你使用的是 vim 编辑器，那么就可以撤销多个操作。一直按 u 就可以键撤销以前的修改。你还可以使用^r（Ctrl+r）命令进行一次重做操作，也就是撤销上一个撤销操作所做的修改。

假设自从打开文档之后，你做了大量修改，但你现在想把这些修改全部丢弃。在这种情况下，你就应该在不保存的情况下将文档关闭，然后再打开。要想不保存修改就关闭文档，可以使用命令:q!，在稍后的"保存与退出"部分中，你将学习关于这个命令的更多知识以及退出 vi 编辑器的其他方法。

#### 5. 复制、删除和粘贴

以下是一些常用的复制命令。请记住，应该在命令模式下执行这些命令。

❏ yw——复制单词。实际上是复制单词中从当前字符开始到单词末尾（包括标点）的部分，还有单词后面的空白字符。所以，如果光标位于"this is fun"中的 h 字符上，yw 命令就会将"his"复制到内存中。

❏ yy——复制当前行。

❏ y$——复制从当前字符到行的末尾部分。

❏ yG——复制从当前行到文档末尾的部分。

你也许会问："为什么使用 y 字符？"这是因为复制文本到内存缓冲区这一过程在过去被称作 yanking。

---

① 实际上，如果你没有移动到另一行，那么就可以通过在命令模式下输入 u 字符来撤销在当前行上做的所有修改。但是，你会发现很少有机会能使用这种特性，因为一旦你移动到了一个新行，就失去撤销机会了。

以下是一些常用的删除命令。请记住，应该在命令模式下执行这些命令。[1]

- dw——删除单词。实际上是删除单词中从当前字符开始到单词末尾（包括标点）的部分，还有单词后面的空白字符。所以，如果光标位于"this is fun"中的 h 字符上，dw 命令就会将"his"删除，得到"tis fun"。
- dd——删除当前行。
- d$——删除从当前字符到行的末尾部分。[2]
- dG——删除从当前行到文档的末尾部分。
- x——删除光标所在的字符（相当于删除键）。
- X——删除光标所在字符前面的字符（相当于退格键）。[3]

### 有剪切命令吗？

当你使用删除命令时，删除的文本被放置在复制缓冲区中，因此，不需要一组单独的剪切命令。

粘贴命令要复杂一些，因为它们的工作方式依赖于要粘贴的内容。例如，假设你复制了一个单词到缓冲区，在这种情况下，粘贴命令的工作方式如下：

- p——粘贴缓冲区内容至光标之前；
- P——粘贴缓冲区内容至光标之后。

如果你复制了一整行（或者多行）到缓冲区，那么粘贴方式就会有一点改变：

- p——粘贴缓冲区内容至光标上面的行；
- P——粘贴缓冲区内容至光标下面的行。

### 6. 查找文本

对于使用 vi 编辑器的软件开发人员来说，查找文本是一个非常重要的功能，因为执行代码时出现的错误信息通常会包含出现错误的代码。你可以使用以下任意一种方法来搜索文本。

- /：在命令模式下，按/键，这个字符会显示在终端窗口的左下角。然后，输入你想搜索的内容，按回车键。vi 编辑器在文档中**向前**搜索你想要的内容。
- ?：在命令模式下，按?键，这个字符会显示在终端窗口的左下角。然后，输入你想搜索的内容，按回车键。vi 编辑器在文档中**向后**搜索你想要的内容。

---

[1] 注意这些删除命令和前面的复制命令是多么相似。这不仅让我在写作本书时少了很多录入工作（你可以说我懒惰，但高效的开发人员就是这样"重用"优秀"代码"的），还能让我们注意到多数复制命令和删除命令是非常相似的，这可以让我们的学习过程更加轻松。

[2] 在前面的一条脚注中，我提到过曾经意外地将几页文本插入了 88 次。为了解决这个问题，我先来到了第二次复制的文本的第一行，再输入 dG 命令，这样就用最小的努力删除了除第一次复制之外的所有输入文本。

[3] 如果你使用的是 vim 编辑器，就可以使用删除键删除当前字符。但是，这时的退格键相当于向后的箭头键。

假设你没有找到想要内容的具体匹配，还可以使用 n 命令寻找下一个匹配。如果上一次搜索是用/键执行的，n 命令就向前搜索；如果上一次搜索是用?键执行的，n 命令就向后搜索。[①]

如果你要搜索"/one"，却发现需要按 n 键多次才能找到想要的内容，该怎么办呢？在按 n 键按得气急败坏之后，你意识到肯定是错过了想要的匹配。要想改变当前搜索的方向，可以使用 N 字符（大写的 N，不是小写的 n）。当你正在向前搜索时，N 会改变方向向后搜索文档。当你正在向后搜索时，N 会改变方向向前搜索文档。

### 区分大小写

和 Linux 中所有其他功能一样，搜索功能也是区分大小的，换句话说，对/the 的搜索不会匹配以下文本：

The end is near

### 7. 搜索与替换

要搜索文本并用其他文本替换之，可以使用以下格式的命令：

`:x,ys/pattern/replace/`

x 和 y 的值表示你想在哪些行上执行搜索。例如，要想在文档的前 10 行进行搜索和替换，可以使用以下语法：

`:1,10s/I/we/`

可以使用$字符表示文档的最后一行：

`:300,$s/I/we/`

所以，要在整个文档上执行替换，可以使用如下命令：

`:1,$s/I/we/`

默认情况下，只有每行的第一个匹配被替换。想象一下，如果你要搜索和替换下面的行：

`The dog ate the dog food from the dog bowl`

如果在上面的行上执行:s/dog/cat/命令，那么可以得到如下结果：

`The cat ate the dog food from the dog bowl`

要想替换一行中的所有匹配，可以在搜索命令的末尾加上一个 g 字符[②]：

`:s/dog/cat/g`

---

[①] 还记得在第 4 章中介绍 grep 命令时提到的正则表达式吗？如果不记得了，就回头复习一下这节内容！正则表达式可以在很多 Linux 工具中使用，包括 vi 编辑器。例如，如果你搜索^The，那么 vi 编辑器就会只匹配以 The 开头的那些行，而不是其他部分包含 The 的行。

[②] 你可以认为 g 表示的是 get them all，但它实际表示的是 global。

搜索和替换是区分大小写的。看一下这行要搜索和替换的文本：

```
The Dog ate the dog food from the dog bowl
```

如果在上面的行上执行 `:s/dog/cat/` 命令，那么结果就是这样的：

```
The Dog ate the cat food from the dog bowl
```

在结果中，匹配的是第二个 dog，因为第一个 Dog 中有个大写字母 D。要执行不区分大小写的搜索和替换，可以在搜索命令的后面加上一个 i：

```
:s/dog/cat/i
```

### 8. 保存和退出

前面，你输入了一个 : 来执行搜索和替换操作。复杂的命令是在**底行模式**下执行的。为了致敬 ex 编辑器，这种模式又称为 ex 模式。: 会带你来到屏幕的底部，你输入的命令会显示在这里。

在底行模式下，你可以执行的另一个操作是保存和退出：

```
:wq
```

#### 说明

在退出之前你必须先保存修改，所以你不能执行 :qw 命令，因为它试图先退出再保存。

或许你只想保存一下，然后继续工作：

```
:w
```

你还可以另存为不同的文档，不过这种操作有个小问题需要注意一下。假设你想对 services 文件做一点修改，然后保存为一个名为 myservices 的文件，命令如下：

```
:s myservices
```

你刚刚所做的修改都会保存到 myservices 文件中。但是，如果你继续进行修改，那后续的修改还是会默认保存到初始的 services 文件中。多数现代编辑器会"自动切换"默认保存文档到最后一次保存的文档，但 vi 不是这样。要想查看你当前使用的文档，可以使用 ^G（Ctrl+G）命令。

所以，如果你想编辑新文件，就应该退出 vi 编辑器，打开新文件。

如果你对某个文件做了一番修改，然后想在不保存的情况下退出（:q），那么就会收到以下错误信息：

```
E37: No write since last change (add ! to override)
```

要想强制退出（不保存修改就退出），可以使用以下命令：

```
:q!
```

### 9. 扩展你的 vi 知识

尽管我们介绍了很多 vi 命令，但这只不过是冰山一角。vi 编辑器是一个非常强有力的工具，它有数百条命令。此外，它还提供了一些非常高级的特性，比如语法高亮、创建宏命令以及同时编辑多个文件等，不一而足。

vim 编辑器中有一些非常有用的内置文档，但在基于 Red Hat 的发行版上，[①]你必须安装一个特殊的软件包才能访问这些文档。第 6 章将详细地介绍安装软件的方法。眼下，你只要确保作为 root 用户登录，然后再运行命令：`yum install vim-enhanced`。

安装了这个软件包之后，就可以在 vim 编辑器中运行:help 命令来查看帮助文档。图 5-4 给出了一个示例。

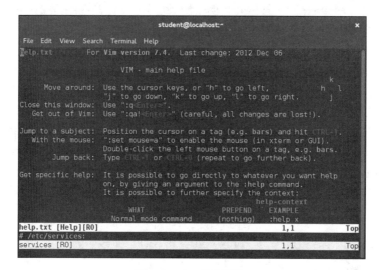

图 5-4   vim 中的帮助

你可以使用箭头（或者 h、j、k 和 l）键滚动文档。大约 20 行之后，你可以看到其中的一些主题，如图 5-5 所示。

---

① 在基于 Debian 的发行版上，vim 是默认具有帮助功能的。

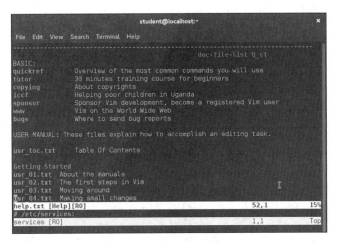

图 5-5　vim 帮助主题

每个主题（比如 quickref 和 usr_01.txt）都是独立的帮助主题。要查看这些主题，先输入 :q 命令退出当前的帮助文档，然后输入以下命令，将 topic 替换为你想查看的主题的全名：

```
:help topic
```

例如，要想查看 "Using syntax highlighting"，应该使用以下命令：

```
:help usr_06.txt
```

**vimtutor**

vimtutor 命令是一个帮助你学习 vi 编辑器的极好工具，这个命令可以让你进入 vi 并提供一个学习 vim 编辑器的有用指南。

## 5.2　其他编辑器

在 Linux 中，有大量编辑器可供你使用。本节的重点是帮助你熟悉这些编辑器，而不是教你如何使用它们。

**说明**

很可能你的发行版中没有安装所有这些编辑器，你可能需要安装额外的软件包才能访问它们。

### 5.2.1　Emacs

与 vi 编辑器一样，Emacs 编辑器也是 20 世纪 70 年代中期开发的。[①] 喜欢 Emacs 的 Linux 用

---

① 在 Emacs 用户和 vi/vim 用户之间曾发生过一场 "宗教战争"。我总是避免卷入这种战争，要知道在 Linux 社区中有些人是非常热衷于这种战争的。

户津津乐道于它的易用性和可定制性。如果你在基于 GUI 的终端中启动 Emacs（运行 emacs 命令即可），它就会打开一个基于 GUI 的程序版本，如图 5-6 所示。如你所见，基于 GUI 的版本除了你可以通过键盘运行的命令之外，还有菜单。

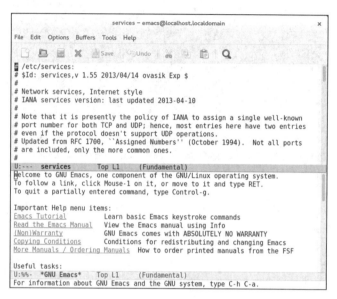

图 5-6　基于 GUI 的 Emacs

如果你在命令行环境下运行 Emacs 编辑器，那么编辑器界面如图 5-7 所示。

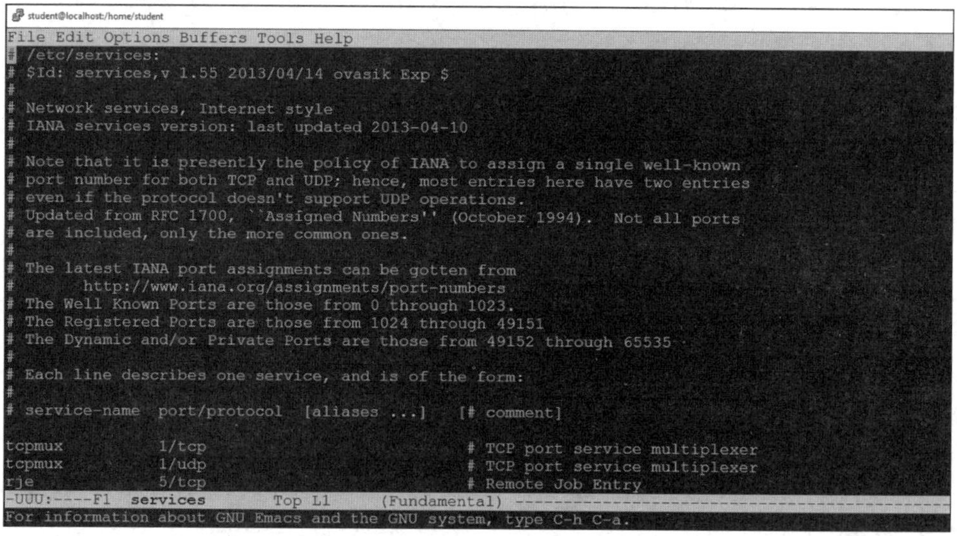

图 5-7　基于文本的 Emacs

> **GUI vim?**
>
> 如果你安装了 vim-X11 软件包，就能使用基于 GUI 的 vim 编辑器了。在基于 Red Hat 的发行版中使用 gvim 或者 vim -g 命令，在基于 Debian 的发行版中需使用 vim-gtk 命令。

## 5.2.2 gedit 和 kwrite

这两个编辑器是相当标准的基于 GUI 的编辑器（gedit 在 GNOME 环境下，kwrite 在 KDE 环境下）。如果你在微软 Windows 系统中使用过 Notepad，就会发现这两个编辑器非常易于使用（尽管有些局限）。

gedit 编辑器通常默认安装在使用 GNOME 桌面的发行版中，kwrite（或 KATE）编辑器通常默认安装在使用 KDE 桌面的发行版中。不过，你可以非常容易地在使用 KDE 桌面的系统中安装 gedit，或者在使用 GNOME 桌面的系统中安装 kwrite。

## 5.2.3 nano 和 joe

vi 和 emacs 的功能非常强大，但有时候，你可能只想在命令行环境中使用一个简单的编辑器。gedit 和 kwrite 编辑器只能运行在基于 GUI 的环境中。在多数 Linux 发行版中，一般也会默认安装 nano 编辑器。

nano 和 joe 编辑器提供了一个简单的文本文件编辑界面，它们都只能运行在命令行环境中，所以不需要 GUI。图 5-8 给出了 nano 编辑器的一个示例。

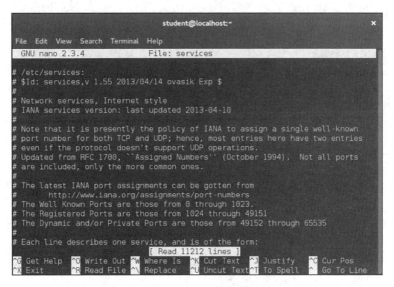

图 5-8 nano 编辑器

### 5.2.4　lime 和 bluefish

lime 和 bluefish 编辑器提供了帮助开发人员创建代码的工具和特性，将编辑文本文件的过程提高了一个层次。这两个编辑器提供的特性包括语法高亮、插入代码（点击一个按钮）以及自动格式化（比如自动代码缩进）。

如果你想从事在 Linux 上编写代码的工作，就应该研究一下这两种编辑器（或很多其他类似的编辑器）。图 5-9 给出了 bluefish 编辑器的一个示例。

图 5-9　bluefish 编辑器

**Linux 小幽默**

在你的 shell 中试验一下以下命令：

```
bo@mintos:~ > cd /
bo@mintos:/ > touch me
touch: cannot touch 'me': Permission denied
```

## 5.3　小结

本章的重点是编辑器，主要介绍了 vi/vim 编辑器。我们介绍了在 vi/vim 编辑器中编辑文件的基础知识，包括如何启动编辑器、三种操作模式、如何添加和删除文本，以及一些更高级的特性。此外还介绍了一些在 Linux 中可用的其他编辑器。至此，你应该多多练习使用编辑器，当你开始在 Linux 上编写代码时，会经常使用编辑器。

# 第 6 章

# 系统管理

系统管理是一个巨大的话题，它包括配置服务、维护操作系统健康以及保持系统安全等任务。有很多著作专门教人如何管理一个 Linux 发行版。作为开发人员，你应该将大部分系统管理任务交给全职的系统管理员去完成。

但是，这并不意味着你从来不需要承担系统管理的责任。有些任务你完全可以自己完成，不用麻烦系统管理员。这些任务包括安装软件和维护用户账户。本章主要介绍几种所有软件开发人员都应该掌握的基本系统管理任务。

## 6.1　基本任务

几乎在任何时候，你都应该使用普通用户账户登录系统，不要使用 root 账户（系统管理员账户）登录。经常使用 root 账户执行命令完全就是自讨苦吃。

root 用户对系统具有全部控制权限，包括删除所有文件和目录的能力。经常使用 root 账户工作的问题在于，你有可能会损坏操作系统，使其不能使用。举个例子，看下面这个命令（一定不要运行！）：

```
[root@fedora ~]$ rm -rf /
```

如果你以 root 用户的身份登录的时候运行了上述命令，系统中所有文件和目录都会被删除。如果以普通用户的身份登录，这会使你失去自己主目录中的所有文件，但是，当你试图删除没有删除权限的文件时，会出现错误信息，而在看到错误信息时按 Ctrl+C，你还有挽回的机会。

总而言之，最佳实践是：以普通用户身份登录，仅在需要以 root 用户身份执行一项具体任务时，才临时获得 root 用户身份。

### 6.1.1　获得 root 账户的访问权限

你可以使用三种方法获得 root 用户身份。

❑ **直接以 root 用户身份登录**：正如前面所说，这不是一种理想的方法。即使是系统管理员也应该避免直接以 root 用户身份登录。

❑ **使用 su 命令**：如果你知道 root 密码，就可以通过 su 命令从普通用户切换到 root 用户。这个命令会打开一个新的 shell，在新 shell 中你可以作为 root 用户进行操作。要切换回普通用户账户，使用 exit 命令关闭 shell 即可。

❑ **使用 sudo 命令**：通过 sudo 命令，你可以作为 root 用户运行命令，甚至不需要知道 root 密码。然而，这个特性需要系统管理员进行设置才能正常工作。

下面更加深入地讨论一下 su 和 sudo 命令。

### 1. 使用 su 命令

要使用 su 命令，先执行以下命令：

```
[student@localhost ~]$ id
uid=1000(student) gid=1000(student) groups=1000(student),10(wheel) context=unconfined_
u:unconfined_r:unconfined_t:s0-s0:c0.c1023
[student@localhost ~]$ su - root
Password:
[root@localhost ~]# id
uid=0(root) gid=0(root) groups=0(root) context=unconfined_u:unconfined_r:unconfined_
t:s0-s0:c0.c1023
```

注意，id 命令会显示你当前的用户账户。在这个例子中，id 命令其实不是必要的，因为我们可以在提示符中看到当前用户名称。

在使用 su 命令时，参数 root 通常可以省略。如果你没有指定用户账户名称，那么默认是 root 用户：

```
[student@localhost ~]$ su -
Password:
[root@localhost ~]# id
uid=0(root) gid=0(root) groups=0(root) context=unconfined_u:unconfined_r:unconfined_
t:s0-s0:c0.c1023
```

-选项有点奇怪，因为它的后面没有字符，但它也是非常重要的。[①]没有-这个字符，你就不能完整地切换到 root 用户账户，因为 root 用户的登录脚本没有执行。演示使用-和没有使用-之间的区别的最好方法是看一下代码清单 6-1 中的代码。

**代码清单 6-1**　su 命令的-选项

```
[student@localhost ~]$ su root
Password:
[root@localhost student]# pwd
/home/student
[root@localhost student]# echo $PATH
/usr/local/bin:/usr/bin:/usr/local/sbin:/usr/sbin:/home/student/.local/bin:/home/
```

---

① -选项和-l 或-login 选项都是一样的。

```
student/bin
[root@localhost student]# exit
exit
[student@localhost ~]$ su - root
Password:
[root@localhost ~]# pwd
/root
[root@localhost ~]# echo $PATH
/usr/local/sbin:/usr/local/bin:/sbin:/bin:/usr/sbin:/usr/bin:/root/bin
```

注意，在代码清单 6-1 中，如果没有使用-，那么当前目录是没有变化的，$PATH 变量的值也不会改变为 root 用户的值。使用-可以让你完整地切换到 root 账户，当前目录也切换为 root 用户的主目录，$PATH 变量也为 root 用户设置了正确的值（注意结尾：/root/bin）。

在很多情况下，是否使用-并不重要。但是，有时候没有完整地切换到 root 用户会带来问题。切换到 root 账户的最佳实践是使用-字符。

**重要事项**

在需要 root 权限的命令运行结束后，一定记得使用 exit 命令切换回你的普通用户账户。

### 2. 使用 sudo 命令

sudo 命令允许你作为 root 用户执行命令，你甚至可以不知道 root 密码，但这个特性必须经过配置才能起作用。在有些发行版中，尤其是 Ubuntu 和 Mint，第一个用户账户被默认配置为可以使用 sudo 命令：

```
bo@mintos:~ > sudo id
[sudo] password for bo:
uid=0(root) gid=0(root) groups=0(root)
```

注意，这时要求输入的密码不是 root 密码，而是当前用户的密码（这个例子中是用户 bo）。sudo 命令使用另一个命令作为参数，如果输入了正确的密码而且配置正确，它就以 root 用户身份运行这个命令。

要配置 sudo 命令，需要在/etc/sudoers 文件中加入以下一行：[①]

```
bo      ALL=(ALL:ALL) ALL
```

上面一行代码会允许用户 bo 使用 sudo 命令作为 root 用户执行命令。请注意，你也可以将这个特性应用到整个组[②]上，如下所示：

```
bo@mintos:~ > sudo grep %sudo /etc/sudoers
%sudo ALL=(ALL:ALL) ALL
bo@mintos:~ > id
```

---

① 请注意，这是一个非常简单的例子，在一个独立系统中是完全可以的。但如果是一个非常重视安全性的系统，你就应该学习更多关于 sudo 命令的知识，或者请系统管理员来配置这个特性。

② Linux 中的组是一个用户账户集合。本章稍后会详细介绍组的管理。

```
uid=1000(bo) gid=1000(bo) groups=1000(bo),4(adm),24(cdrom),27(sudo),30(dip),
46(plugdev),108(lpadmin),111(sambashare)
```

所以，在上个例子中，用户 bo 之所以能够使用 sudo 命令作为 root 用户执行命令，就是因为他是 sudo 组的成员。

如果你想给一个用户或组赋予 sudo 权限，首先要切换到 root 账户，然后运行 visudo 命令。这个命令会自动使用 vi 或 vim 编辑器编辑/etc/sudoers 文件。不使用普通的 vi 或 vim 编辑器，而是使用 visudo 命令的一个好处是，这个命令会在保存修改时执行一些基本的错误检查。

## 6.1.2　显示磁盘使用状态

对开发人员来说，显示磁盘使用状态是一项非常重要的任务。在考虑系统中可以安装何种软件时，磁盘可用空间的大小会有非常大的影响。此外，你编写的程序可能会非常大，或者会创建非常大的文件，所以，要确定是否有足够的空间来保存你的程序和数据，显示磁盘使用状态就是非常重要的。

在 Linux 系统中，硬盘上的空间被划分为分区或者卷，在其他操作系统上也是如此，比如微软的 Windows，但结果会有一点差别。将整个硬盘作为一个分区在 Windows 操作系统上是一种非常普遍的做法，但在 Linux 中，常见做法是在一个硬盘上创建若干个分区（或卷[①]）。

要显示这些分区以及还有多少可用空间，可以使用 df 命令，如下所示：[②]

```
[student@localhost ~]$ df -h
Filesystem              Size Used Avail Use% Mounted on
/dev/mapper/centos-root 6.7G 4.1G 2.6G  61% /
devtmpfs                1.9G    0 1.9G   0% /dev
tmpfs                   1.9G  88K 1.9G   1% /dev/shm
tmpfs                   1.9G  17M 1.9G   1% /run
tmpfs                   1.9G    0 1.9G   0% /sys/fs/cgroup
/dev/sda1               497M 196M 302M  40% /boot
tmpfs                   389M 8.0K 389M   1% /run/user/0
```

Filesystem 列用来表示分区（/dev/sda1）或者卷（/dev/mapper/centos-root）。那些不表示文件路径的行，比如 devtmpfs 或 tmpfs，是基于内存的文件系统，在这里并不重要。

Mounted on 列表示该分区或卷被挂载在哪个目录结构上。回忆一下，与微软 Windows 系统不同，Linux 下的设备不被分配盘符，而是放在目录结构下，比如/boot 目录。

根据 df 命令的结果，你可以知道还有多少可用空间。例如，在上面的结果中，/boot 目录结

---

[①] 分区和卷之间的区别对于开发人员并不重要。如果你想成为一名系统管理员，那这个区别就非常重要了，因为它们的管理方式不同。因为本书是面向开发人员的，所以我们不介绍这些差别，把它们全看作能够保存文件和目录的容器即可。

[②] 使用-h 选项的作用是在结果中使用方便人类阅读的大小单位，而不是以千字节为单位的块大小。

构最多还可以存储 302MB 的数据。对于开发人员来说，在考虑可用空间时以下几个目录结构是最重要的。

- ❑ /usr——新软件将安装在这里。
- ❑ /home——普通用户的主目录，包括你自己的账户。
- ❑ /tmp——临时文件存放位置。作为开发人员，你或许需要创建文件来保存程序运行时产生的数据。将这种文件放在运行程序的用户的主目录中不是一种好做法（他们会不小心删掉这些数据），/tmp 目录是保存这些文件的最佳场所。

**说明**

如果你在 df 命令结果的 Mounted on 列中没有看到/usr、/home 或/tmp，那么这些目录就不是独立的分区或卷，而是/目录结构的一部分。

确定硬盘上一个具体目录中的文件使用了多少空间也是非常有用的。当你想知道删除目录中几个大文件能释放多少空间时，这个操作是非常重要的。如果想知道目录（以及所有子目录）中的文件使用了多少空间，可以使用 du 命令：

```
[student@localhost ~]$ du -sh /usr/sbin
54M    /usr/sbin
```

-s 选项的作用是显示整个基础目录的使用情况，而不是每个子目录。-h 选项以方便人类阅读的大小单位进行显示。

## 6.2　管理软件

本书中的大部分命令和操作在不同发行版上都是一样的（至少非常相似），但软件管理则不然，因为添加和删除软件有三种可用的工具体系。你使用哪种工具体系要依你使用的发行版而定。

- ❑ yum 和 rpm——你可以在 Red Hat Enterprise Linux、CentOS、Fedora 和其他基于 Red Hat 的发行版上使用这两个工具来管理软件。
- ❑ apt-get 和 dpkg——你可以在 Debian、Ubuntu、Mint 和其他基于 Debian 的发行版上使用这两个工具来管理软件。
- ❑ zypper 和 rpm——你可以在 SUSE 和基于 SUSE 的发行版上使用这两个工具来管理软件。

rpm 和 dpkg 命令的作用非常相似，历史上，它们是设计用来安装已经下载到本地系统之中的软件包的。这种功能现在通常由 yum、apt-get 和 zypper 命令来完成，它们既可以下载软件包也可以进行安装。这些命令从一个称为"程序仓库"的服务器中下载软件包。

与 rpm 和 dpkg 命令相比，yum、apt-get 和 zypper 命令的优势在于可以自动检查包的依赖性。所以，如果一个包需要另外三个包才能正常工作的话，yum、apt-get 和 zypper 会自动下载并安装那三个包。

你可以使用所有这些命令来删除软件包。同样，与 rpm 和 dpkg 命令相比，yum、apt-get 和 zypper 命令的优势在于可以在删除包之前检查包的依赖性。所以，如果你试图删除一个被另一个包依赖的包，就会出现一条错误信息。

那为什么还要使用 rpm 和 dpkg 命令呢？yum、apt-get 和 zypper 命令实际上是一种前端程序，它们最终还是要运行 rpm 和 dpkg 命令。rpm 和 dpkg 命令中有一些不能被 yum、apt-get 和 zypper 命令调用的选项，这些选项的功能十分强大，特别是一些查询包信息的选项。相对于开发人员，这些选项对于系统管理员更加重要，所以，你可能会更多地运行 rpm、apt-get 和 zypper 命令，而不是 rpm 和 dpkg 命令。

开发人员经常会安装新的软件包来增强他们需要的某种系统特性（或编程语言）。请记住，安装和删除软件都需要 root 用户权限。

## 6.2.1　查找与列出软件

有时候在安装软件时会有一个问题，那就是如何找到软件包的正确名称。在基于 Red Hat 的系统中，你可以使用 yum search 命令来查询程序仓库，找到与一个单词或模式相匹配的软件包：

```
[root@localhost ~]# yum search editor | head
Loaded plugins: fastestmirror, langpacks
Loading mirror speeds from cached hostfile
 * base: centos.mia.host-engine.com
 * epel: linux.mirrors.es.net
 * extras: mirrors.sonic.net
 * updates: mirror.steadfast.net
======================= N/S matched: editor =========================
ckeditor.noarch : WYSIWYG text editor to be used inside web pages
ckeditor-samples.noarch : Sample files for ckeditor
dconf-editor.x86_64 : Configuration editor for dconf
```

yum search 命令有可能返回大量结果，所以可以使用 grep 命令进行二次筛选：

```
[root@localhost ~]# yum search editor | grep GUI
nedit.x86_64 : A GUI text editor for systems with X
root-guibuilder.x86_64 : GUI editor library for ROOT
torrent-file-editor.x86_64 : Qt based GUI tool designed to create and edit
```

如果想在基于 Debian 的系统中搜索软件包，可以使用 apt-get search term 命令（将 term 替换为你要搜索的项目）。如果想在基于 SUSE 的系统上搜索软件包，可以使用 zypper search -t term 命令。

如果想在基于 Red Hat 的系统上列出当前已经安装的软件包，可以使用 yum list installed 命令：

```
[root@localhost ~]# yum list installed | tail
yelp-libs.x86_64                  1:3.14.2-1.el7              @base
yelp-xsl.noarch                   3.14.0-1.el7               @base
yum.noarch                        3.4.3-132.el7.centos.0.1   @base
yum-langpacks.noarch              0.4.2-4.el7                @base
yum-metadata-parser.x86_64        1.1.4-10.el7               @anaconda
yum-plugin-fastestmirror.noarch   1.1.31-34.el7              @base
yum-utils.noarch                  1.1.31-34.el7              @base
zenity.x86_64                     3.8.0-5.el7                @base
zip.x86_64                        3.0-10.el7                 @anaconda
zlib.x86_64                       1.2.7-15.el7               @base
```

yum list installed 命令也会产生大量输出，可以使用管道操作将输出重定向到 more 或 grep 命令。请注意，这个命令输出结果的第一列是软件包的名称，第二列是包的版本，第三列是软件包所在的程序仓库名称。

要在基于 Debian 的系统上列出所有已经安装的软件包，可以使用 dpkg -l 命令。要在基于 Red Hat 的系统上列出所有已经安装的软件包，可以使用 rpm -qa 命令。

## 6.2.2 安装软件

在基于 Red Hat 的系统上，可以使用 yum install 命令安装软件包，如代码清单 6-2 所示。

**代码清单 6-2** yum install 命令

```
[student@localhost Desktop]$ su -
Password:
[root@localhost ~]# yum install kernel-doc
Loaded plugins: fastestmirror, langpacks
Loading mirror speeds from cached hostfile
 * base: centos.mia.host-engine.com
 * epel: linux.mirrors.es.net
 * extras: mirrors.sonic.net
 * updates: mirror.steadfast.net
Resolving Dependencies
--> Running transaction check
---> Package kernel-doc.noarch 0:3.10.0-327.28.2.el7 will be installed
--> Finished Dependency Resolution

Dependencies Resolved

================================================================================
 Package          Arch          Version               Repository      Size
================================================================================
Installing:
 kernel-doc       noarch        3.10.0-327.28.2.el7   updates         13 M
Transaction Summary
```

```
=========================================================================
Install 1 Package
Total download size: 13 M
Installed size: 48 M
Is this ok [y/d/N]: y
Downloading packages:
kernel-doc-3.10.0-327.28.2.el7.noarch.rpm                    | 13 MB  00:03
Running transaction check
Running transaction test
Transaction test succeeded
Running transaction
  Installing : kernel-doc-3.10.0-327.28.2.el7.noarch                      1/1
  Verifying  : kernel-doc-3.10.0-327.28.2.el7.noarch                      1/1
Installed:
  kernel-doc.noarch 0:3.10.0-327.28.2.el7
Complete!
```

要在基于 Debian 的系统上安装软件包，可以使用 apt-get install 命令。要在基于 SUSE 的系统上安装软件包，可以使用 zypper install 命令。

**删除软件包**

尽管开发人员经常在他们自己的系统上安装软件包，但删除软件或执行更高级的包操作命令则不是很常见。如果你想学习更多关于软件包管理的知识，可以学习一下 rpm 和 dpkg 命令，但一般来说，系统管理员对此更感兴趣。

如果想删除一个软件包，可以先切换到 root 账户，然后运行适合你的发行版的命令：[①]

```
yum remove package_name
apt-get remove package_name or apt-get purge package_name
zypper remove package_name
```

## 6.3　用户账户

一般情况下，维护用户账户是系统管理员的职责，但对于软件开发人员来说，这也是一项重要的任务，因为你可能需要使用不同的用户账户去测试软件。例如，你或许需要使用不同的用户账户去测试未授权用户对数据库的访问。

本节主要介绍创建、修改和删除用户账户的基础知识，也会涉及组账户这个话题。

### 6.3.1　添加用户账户

要添加一个用户账户，你需要 root 权限。你可以使用基于 GUI 的工具来创建用户账户，但是，不同发行版中的 GUI 工具都有些差别。命令行工具非常易于使用，你完全可以使用它们来

---

① apt-get 命令的 purge 参数可以将软件包完全删除，remove 参数删除除配置文件（暂时保留，如果你日后重新安装该软件还可以继续使用）之外的所有文件。

快速创建用户账户。

要创建一个用户账户，可以使用 useradd 命令，如下所示：

```
[root@localhost ~]# useradd julia
[root@localhost ~]# tail -1 /etc/passwd
julia:x:1001:1001::/home/julia:/bin/bash
[root@localhost ~]# ls /home
julia student
```

注意/etc/password 文件中的新条目，这个文件是包含用户账户信息的文件之一。如果想看看这个文件格式的详细信息，可以使用 man 5 passwd 命令。

系统自动为新用户创建一个主目录（/home/julia），但不是所有发行版都会这样做。在有些发行版上，你必须使用-d 选项指定主目录的名称，还要使用-m 选项告诉 useradd 命令去创建这个子目录：

```
[root@localhost ~]# useradd -d /home/julia -m julia
```

一般情况下，创建用户时的默认设置就能很好地满足你的测试目的。你或许还想修改以下设置。

- ❑ -s：指定登录 shell，例如-s /bin/tcsh。
- ❑ -g：指定账户的主要组，例如-g sudo。
- ❑ -G：指定账户的（多个）主要组，例如-G sudo,payroll。

创建了用户账户之后，还要使用 passwd 命令为这个新账户分配一个密码，如下所示：

```
[root@localhost ~]# passwd julia
Changing password for user julia.
New password:
Retype new password:
passwd: all authentication tokens updated successfully.
```

## 糟糕的密码

在给一个用户账户分配密码时，你或许会得到以下警告信息：

```
BAD PASSWORD: The password fails the dictionary check - it is based on a
dictionary word
```

如果你的工作系统能够访问互联网，那么你就应该留意这条警告，并使用更加复杂的密码。否则，如果只是个内部系统，那么使用更复杂的密码就可能是小题大做了。

问问自己："我会把这个系统连接到互联网吗？"如果答案是"会"，就应该使用更复杂的密码。

### 6.3.2 修改用户账户

要修改一个用户账户，可以使用 usermod 命令。usermod 命令接受与 useradd 命令相同的选项，所以，要修改一个用户的登录 shell，可以使用-s 选项，如下所示：

```
[root@localhost ~]# grep julia /etc/passwd
julia:x:1001:1001::/home/julia:/bin/bash
[root@localhost ~]# usermod -s /bin/tcsh julia
[root@localhost ~]# grep julia /etc/passwd
julia:x:1001:1001::/home/julia:/bin/tcsh
```

如果你看一下/etc/passwd 文件中含有"julia"的行中的最后一条，就会发现登录 shell 从/bin/bash 变为了/bin/tcsh。

### 6.3.3 删除用户账户

要删除一个用户账户，可以使用 userdel 命令。如果你既想删除用户又想删除用户主目录，可以使用-r 选项。如果不使用-r 选项，就只删除/etc/passwd 文件（以及其他包含用户账户信息的文件）中的账户，但并不删除用户主目录和其中的内容。

```
[root@localhost ~]# userdel -r julia
```

### 6.3.4 理解组

第 4 章在讨论权限时提到了组。要理解组成员有多么重要，可以看看以下命令的结果：

```
[root@localhost ~]# id sarah
uid=1002(sarah) gid=1002(sarah) groups=1002(sarah)
[root@localhost ~]# ls -l /tmp/sample.txt
-rw-r-----. 1 root wheel 158 Aug 16 21:11 /tmp/sample.txt
```

根据上面 id 命令的输出结果，可以知道用户 sarah 是一个组（这个组的名称也是 sarah）的成员。如果再看看上面 ls -l 命令的结果，就可以知道文件/tmp/sample.txt 属于 root 用户和 wheel 组。所以在这种情况下，用户 sarah 对这个文件的权限是---，也就是权限中"其他用户"的那一部分。

如果 root 用户想让用户 sarah 能够查看这个文件呢？可以把用户 sarah 添加到 wheel 组中，这样她就具有了权限 r--，可以查看文件内容了：

```
[root@localhost ~]# usermod -aG wheel sarah
[root@localhost ~]# id sarah
uid=1002(sarah) gid=1002(sarah) groups=1002(sarah),10(wheel)
[root@localhost ~]# ls -l /tmp/sample.txt
-rw-r-----. 1 root wheel 158 Aug 16 21:11 /tmp/sample.txt
```

### 6.3.5 管理组

要创建一个新组，可以使用 groupadd 命令：

```
[root@localhost ~]# groupadd staff
```

要将一个用户添加到一个组中，可以在 usermod 命令中使用-G 选项。**特别重要**的是：一定要同时使用-a 选项和-G 选项，只使用-G 会把用户从所有次要组中删除。以下是错误的做法：

```
[root@localhost ~]# id sarah
uid=1002(sarah) gid=1002(sarah) groups=1002(sarah),10(wheel)
[root@localhost ~]# usermod -G staff sarah
[root@localhost ~]# id sarah
uid=1002(sarah) gid=1002(sarah) groups=1002(sarah),1003(staff)
```

注意上面 id 命令的输出结果。可以看到 usermod 命令将用户 sarah 从 wheel 组中删除了。以下是将用户添加到组的正确做法：

```
[root@localhost ~]# id sarah
uid=1002(sarah) gid=1002(sarah) groups=1002(sarah),10(wheel)
[root@localhost ~]# usermod -a -G staff sarah
[root@localhost ~]# id sarah
uid=1002(sarah) gid=1002(sarah) groups=1002(sarah),10(wheel),1003(staff)
```

要删除一个组，应该首先使用 find 命令搜索文件系统，找到属于这个组的所有文件：

```
[root@localhost ~]# find / -group staff -ls 2> /dev/null
27304379    4 -rw-r-----   1 root staff    158 Aug 16 21:11 /tmp/sample.txt
```

这是一个重要步骤，因为在删除该组之前，你应该把这些文件的组所有者修改为另一个组。在修改了组所有者之后，可以使用 groupdel 命令删除这个组：

```
[root@localhost ~]# chgrp wheel /tmp/sample.txt
[root@localhost ~]# ls -l /tmp/sample.txt
-rw-r-----. 1 root wheel 158 Aug 16 21:11 /tmp/sample.txt
[root@localhost ~]# groupdel staff
```

> **Linux 小幽默**
>
> 如果你和我（或者 99% 使用 Linux 工作的伙计们）一样，那你最终肯定会更喜欢使用 sl 命令，而不是 ls 命令。为什么不搞出一个比以下结果更有趣的东西呢？
>
> ```
> bash: sl: command not found...?
> ```
>
> 首先，安装名为 sl 的包（根据你的发行版选择正确的命令）：
>
> ```
> yum install sl
> apt-get install sl
> zypper install sl
> ```
>
> 然后，输入 sl 并按回车键！

## 6.4    小结

系统管理员还要执行很多本章没有介绍的其他任务，但本章确实覆盖了软件开发人员经常会执行的系统管理任务。现在你应该知道了如何切换到 root 账户来执行系统管理任务，还应该掌握了如何显示磁盘使用情况、添加和删除软件，以及管理组和用户账户。

# 第三部分
# Linux 编程语言

Linux 最重要的优点之一就是有大量软件可供这种操作系统自由使用，这既是 Linux 的优势，也会造成一些问题。举例来说，Linux 中有几十种文本编辑器可供选择，这是一种优势，因为你不会被"锁定"在一种你真的不喜欢的编辑器上。然而，这也是个问题，因为研究各种编辑器以找出最适合你的一款需要花费一些时间。

编程语言也是如此。有多种编程语言可用，但要找到最适合你编程风格的语言需要大量的尝试和纠错。本书这部分的目的就是介绍 Linux 上可用的几种最流行的编程语言。第 7 章先对编程语言进行概述，第 8 章至第 11 章再对几种语言进行详细介绍。

# Linux 编程语言概述

多数 Linux 编程语言[1]可以归为两大类：脚本语言（有时候也称**解释型**语言）和编译型语言（有时候也称**结构化**语言）。没有严格的定义来划分这些类别，但它们有以下基本区别：

- ❑ 编译语言不能直接从源代码运行，源代码必须先转换为编译代码；
- ❑ 传统的脚本语言是不用编译的；
- ❑ 通常脚本语言更容易学习；
- ❑ 通常脚本语言需要更少的代码来完成任务。

这些类别没有严格的定义，来看一个例子：Perl 是一种流行的脚本语言，可以直接从源代码运行，但在运行之前，它在内存中进行编译，然后执行编译后的代码。

## 7.1 脚本语言

Linux 上可以使用多种脚本语言，所以本书很难给出一个完整的语言列表，但是，这一节介绍的肯定是 Linux 发行版中最流行也是使用最广泛的脚本语言。

### 7.1.1 BASH shell 脚本

在第 2 章至第 6 章，我们学习了使用 Linux 和 BASH shell[2]的基础知识，这些命令也可以在 shell 脚本程序里使用。例如，假设你想定期执行以下命令：

```
cd /home
ls -l /home > /root/homedirs
du -s /home/* >> /root/homedirs
date >> /root/homedirs
```

---

[1] 尽管我称这些语言为"Linux 编程语言"，但你应该知道其中多数语言也可以在其他平台上使用，比如微软 Windows 平台。

[2] 因为 BASH 表示的是 Bourne-Again SHell，所以将 BASH 的脚本编写功能称为"BASH shell 脚本"实际上是冗余的。但是，正如 ATM 机（ATM=Automated Teller Machine）成为了标准名词一样，BASH shell 脚本也已经成为了一个标准名词。

你可以将所有这些命令放在一个文件里，并使这个文件是可执行的，然后像程序一样运行这个文件，而不用每天都把这些命令手动执行一次：

```
[root@fedora ~]$ more /root/checkhome.sh
#!/bin/bash

cd /home
ls -l /home > /root/homedirs
du -s /home/* >> /root/homedirs
date >> /root/homedirs
[root@fedora ~]$ chmod a+x /root/checkhome.sh
[root@fedora ~]$ /root/checkhome.sh
```

因为你可以在 BASH shell 脚本中原生地使用 Linux 命令，所以这种脚本语言的功能非常强大。使用这种语言的另一个优点是，几乎所有 Linux（和 UNIX）发行版中都有 BASH shell，这使得很容易就可以将脚本从一个系统移植到另一个。

在 BASH shell 脚本中，除了可以使用 Linux 命令，你还应该知道这种语言还有其他编程特性，比如：

- 变量
- 循环控制（if、while，等等）
- 退出状态码
- 使用其他文件中代码的能力

尽管有以上优点，BASH shell 脚本还是有一些缺点，包括：

- 缺少高级编程特性，比如面向对象编程；
- 它的运行速度通常比其他语言慢得多，因为每条命令都是作为独立的进程执行的。[①]

即使有这些缺点，BASH shell 脚本在 Linux 中也十分流行。实际上，在一个典型的 Linux 发行版上搜索一下 BASH 脚本（以.sh 结尾的文件）通常会得到几百个结果：

```
[root@fedora ~]$ find / -name "*.sh" | wc -l
578
```

因此，第 8 章专门介绍关于 BASH shell 脚本编写的详细知识。

## 7.1.2　Perl 脚本

20 世纪 80 年代中期，一位名叫拉里·沃尔的开发人员开发了一种新的脚本语言，并最终将其命名为 Perl。当时他工作在基于 UNIX 的系统上，系统中有 C 编程语言、Bourne Shell 脚本语言（BASH 的前身）以及 sed 和 awk（随后将详细介绍）等工具。但是，这些工具他都不满意，

---

① 并不总是如此，因为有些内置的 shell 命令不需要独立进程。

所以他创建了自己的语言。

当然，拉里并不想失去这些工具中他喜欢的特性，于是把这些特性组合到了他的新语言中。这使得这门语言既有点类似 C，又有点类似 shell 脚本，也有点像 UNIX 工具的一个大杂烩。

**哪种脚本语言最好？**

我坚信试图列出每种脚本语言的优缺点是错误的做法。首先，优点与缺点是随情况而变化的。[1]例如，Perl 是一种非常灵活的语言，而 Python（见下一节）则更加结构化。如果我只想快速地编写一个脚本，不考虑代码的长期维护，那么灵活性就是一个优点，结构化就是一个缺点。但是，如果我与多个开发人员共同开发一个大型产品的话，那么结构化就是优点，灵活性就变成了缺点。

我不想去比较每种脚本语言的优点和缺点，而是重点介绍通常情况下每种语言中受开发人员喜爱的那部分内容，以及每种语言所擅长完成的事情。我希望由你自己去判断一门语言中的哪些方面是它的优势，哪些是它的劣势。

Perl 中深受开发人员喜爱的几个方面是：

❑ 你可以非常快速地编写 Perl 代码，因为很多基础脚本已经内置在核心语言中了；

❑ Perl 代码非常灵活，你不会像某些其他语言一样受到太多结构上的限制；

❑ Perl 的语法相当简单，主要源自 C 语言；

❑ Perl 通常不需要花费很长时间来学习；

❑ Perl 有非常强大的功能，比如强大的正则表达式。

Perl 可以用于开发多种应用，但它最常用的领域包括：

❑ **数据解析**——Perl 具有强大的正则表达式功能，因此非常适合进行数据整理（提取数据与生成报告）；

❑ **Web 开发**——因为具有强大的 Web 开发功能，比如通用网关接口（CGI），所以 Perl 通常是基于 LAMP[2]的技术的一部分；

❑ **代码测试**——因为 Perl 是一种简单快速的代码，所以开发人员经常用它来创建测试应用的工具；

❑ **GUI 程序**——Perl 的附加模块（库），比如 WxPerl 和 Tk，可以让 Perl 程序员非常容易地为用户创建 GUI，与 Perl 代码交互；

❑ **管理工具**——系统管理员可以创建 Perl 脚本来帮助他们执行自动管理任务。

第 9 章提供了创建 Perl 程序的其他详细信息。

---

① 警告：对这个问题的讨论经常会升级为一场激烈的"宗教战争"。

② LAMP = Linux、Apache HTTP Server、MySQL 和 Perl（或者 PHP）。LAMP 是一种提供 Web 服务的解决方案的技术组合。

### 7.1.3 Python 脚本

Python 的创建者吉多·范·罗苏姆在 1996 年出版了一本关于 Python 的书，该书前言中的一段话是 Python 起源的最好描述：

> 六年多之前，也就是 1989 年 12 月，我正在寻找一个能作为"业余爱好"的编程项目，以便在圣诞节的那个星期打发时间。办公室关门了，我只有一台家用电脑，除此之外两手空空。我决定为我近期正在琢磨的一门新脚本语言写个解释器，这门语言从 ABC 语言发展而来，将会受到 Unix/C 狂热爱好者的热烈欢迎。我选择 Python 作为这个项目的临时名称，带着一点玩世不恭的情绪（也因为我是《蒙提·派森的飞行马戏团》的超级粉丝）。

他想不到 Python 有一天会成为世界上最流行的脚本语言之一。从 20 世纪 80 年代末那个命中注定的圣诞节假期开始，Python 逐渐发展为一门强大的编程语言，成为很多 Linux 系统和开源项目中的核心工具。

Python 的强大哲学之一是结构良好的代码，它通过一些规则强制实现这种结构，比如非常严格的缩进方式。看一下"Python 之禅"这个文档中定义的一些规则，你就会知道 Python 开发人员是多么严肃地对待"代码结构良好"这个理念了：

- ❏ 优美胜于丑陋；
- ❏ 明了胜于隐含；
- ❏ 简单胜于复杂；
- ❏ 复杂胜于繁复；
- ❏ 扁平胜于嵌套；
- ❏ 稀疏胜于密集；
- ❏ 可读性很重要。

除了是一门结构良好的语言，Python 成为流行语言还有以下几个原因：

- ❏ 具有面向对象的特性；
- ❏ 有一个巨大的标准库；
- ❏ 可以扩展，也可嵌入其他语言；
- ❏ 提供的数据结构比多数其他语言都要广泛。

Python 可以用于开发多种应用，但它最常用的领域包括：

- ❏ **基于网络的应用**——通过使用 Twisted（一个基于 Python 的网络框架），我们可以开发基于网络的应用；
- ❏ **Web 开发**——Apache Web Server 可以将 Python 脚本用于动态网站；
- ❏ **科学应用**——Python 中有一些库文件，所以它成为了创建科学应用的极好选择；

❑ **系统工具**——Linux 开发人员经常使用 Python 为操作系统创建系统工具。

要想了解创建 Python 程序的更多具体内容，参见第 10 章。

## 7.1.4  其他脚本语言

尽管本书重点介绍 BASH shell、Perl 和 Python 脚本，但在你考虑 Linux 脚本时，还是有些其他脚本语言需要了解一下。

### 1. Ruby

Ruby 是在 20 世纪 90 年代中期开发的，创建者松本行弘对 Ruby 起源的描述如下：

> 我曾与同事一起讨论过一门面向对象的脚本语言的可能性。我知道 Perl（Perl4，不是 Perl5），但我真的不喜欢它，因为它有点像玩具语言（现在依然如此）。面向对象的语言看上去更有前途。我也知道 Python，但我也不喜欢它，因为我不认为它是一门真正的面向对象语言——OO 特性看上去是附加在这门语言上的。作为一名语言狂人和 15 年的 OO 粉丝，我真的想要一门真正的面向对象、易于使用的脚本语言。我找了，但没有找到，所以我决定自己开发一种。[①]

开始时 Ruby 没有像 Perl 和 Python 那样流行，尽管作为一门优秀的面向对象脚本语言，它广受赞誉。直到 Ruby on Rails（一个 Web 应用框架）出现，Ruby 才变得更加流行。

**Ruby 精要**

是否安装？

```
root@centos:~# which ruby
/usr/bin/ruby
```

安装（如果需要）：

❑ Red Hat/Fedora/CentOS: `yum install ruby`
❑ Debian/Mint/Ubuntu: `apt-get install ruby`

脚本示例：

```
root@centos:~# more hello.rb
#!/usr/bin/ruby
puts "Hello World"
root@centos:~# chmod a+x hello.rb
root@centos:~# ./hello.rb
Hello World
```

要学习更多关于 Ruby 的知识，可以访问http://www.ruby-lang.org。

---

[①] 发表于 1999 年的 ruby-talk 邮件列表。

## 2. PHP

PHP 是一个递归缩写，表示 PHP: Hypertext Preprocessor，尽管在最初发布时它表示的是 Personal Home Page。和 Ruby 一样，PHP 开发于 20 世纪 90 年代中期。PHP 的创建者是拉斯马斯·勒德尔夫，目的是动态创建 Web 页面，现在 PHP 已经成为了在网站设计者中非常流行的一门脚本语言。

PHP 是 LAMP 体系中的重要一环，在 HTML 文档中经常会看到嵌入的 PHP 代码。PHP 也可以作为独立的脚本语言使用。

### PHP 精要

是否安装？

```
root@centos:~# which php
/usr/bin/php
```

安装（如果需要）：

❏ Red Hat/Fedora/CentOS: `yum install php5`
❏ Debian/Mint/Ubuntu: `apt-get install php5`

脚本示例——独立脚本：

```
root@kali:~# more hello.php
#!/usr/bin/php
<?php
 echo "Hello, world\n";
?>
root@kali:~# chmod a+x hello.php
root@kali:~# ./hello.php
Hello World
```

脚本示例——嵌入 HTML：

```
<html>
 <head>
  <title>PHP Test</title>
 </head>
 <body>
 <?php echo '<p>Hello World</p>'; ?>
 </body>
</html>
```

要学习更多关于 PHP 的知识，可以访问http://www.php.net。

### 3. JavaScript

在 20 世纪 90 年代中期，万维网刚刚开始流行，一个名为 Mosaic Communications（后来变成了 Netscape Communications）的组织开发了一个图形化 Web 浏览器，并探索了使用编程语言来增强 HTML 的可能性。最初，他们选择了在浏览器中集成 Java，但是很快就发现，脚本语言是更好的解决方案。

JavaScript 被设计为使用与 Java 一样的语法，但它并不是 Java 的一个"副产品"或者一种扩展，只是具有与 Java 相同的语法的一门脚本语言。

除了被大量使用，JavaScript 还可以用作多种产品中的嵌入式脚本语言，比如 Adobe Acrobat、MongoDB，以及 Chrome 和 Opera 浏览器的扩展。

### JavaScript 精要

*是否安装？*

*JavaScript 是作为 Web 浏览器的一部分而运行的，一般无须安装。但你也可以从http://javascript-exe.com下载并安装一个可执行版本。*

*脚本示例——嵌入 HTML*

```
<html>
<head>
  <title></title>
</head>
<body>

<script>
console.log("hello world");
</script>
</body>
</html>
```

*要学习更多关于 JavaScript 的知识，可以访问https://developer.mozilla.org。*

#### 4. Tcl

Tcl[①]在 20 世纪 80 年代末期由约翰·奥斯特豪特创建，他最初的创建目的是供其学生使用，那时他是加州大学伯克利分校的教授。随着特性的不断扩充以及学生毕业，这门语言的使用人数逐渐增加。

20 世纪 90 年代初期，脚本语言市场人满为患，新语言很难有一席之地。Tcl 变得流行的一个主要原因是 Tk（Tcl 的 Tool Kit 扩展）的引入。Tk 本质上是一门独立的语言，它使用 Tcl 作为基础语言并添加了一些特性，能使开发人员快速容易地创建基于图形的、平台无关的程序。Tcl 和 Tk 的组合被称为 Tcl/Tk。

---

① Tcl 起初是指 Tool Command Language，现在通常是指 tickle。

## Tcl/Tk 精要

是否安装（Tcl = tclsh，Tk = wish）？

```
root@centos:~# which tclsh
/usr/bin/tclsh
root@centos:~# which wish
/usr/bin/wish
```

安装（如果需要）：

❑ Red Hat/Fedora/CentOS：`yum install tcl`

❑ Red Hat/Fedora/CentOS：`yum install tk`

❑ Debian/Mint/Ubuntu：`apt-get install tcl`

❑ Debian/Mint/Ubuntu：`apt-get install tk`

Tcl 脚本示例：

```
root@centos:~# more hello.tcl
#!/usr/bin/tclsh
puts "Hello World"
root@centos:~# chmod a+x hello.tcl
root@centos:~# ./hello.tcl
Hello World
```

Tk 脚本示例：

```
root@centos:~# more hello.tk
#!/usr/bin/wish
button .hello -text "Hello World" -command { exit }
pack .hello
root@kali:~# chmod a+x hello.tk
root@kali:~# ./hello.tk
#Note: output is a graphical program
```

要学习更多关于 Tcl/Tk 的知识，可以访问https://www.tcl.tk。

### 5. sed 与 awk

sed 与 awk 是具有编程功能的命令行工具。通常，你可以使用 sed 命令一行一行地解析一个数据流（比如一个文件），也可以对文档进行某种修改。例如，以下的 sed 命令将所有数字替换为字母 X：[1]

```
root@centos:~# more /etc/hosts
127.0.0.1       localhost
127.0.1.1       centos

# The following lines are desirable for IPv6 capable hosts
```

---

[1] s/[0-9]/X/g 这个语法是不是非常眼熟？它应该会让你想起 vi 编辑器的搜索与替换功能（见第 5 章）。这是因为 sed 和 vi 一样，都源自更早的 UNIX 编辑器。

```
::1      localhost ip6-localhost ip6-loopback
ff02::1 ip6-allnodes
ff02::2 ip6-allrouters

root@centos:~# sed 's/[0-9]/X/g' /etc/hosts
XXX.X.X.X       localhost
XXX.X.X.X       centos

# The following lines are desirable for IPvX capable hosts
::X      localhost ipX-localhost ipX-loopback
ffXX::X ipX-allnodes
ffXX::X ipX-allrouters
```

awk 被设计用来处理基于数据库的信息，比如一个系统文件。例如，以下来自/etc/passwd 文件的数据：

```
root@centos:~# head /etc/passwd
root:x:0:0:root:/root:/bin/bash
daemon:x:1:1:daemon:/usr/sbin:/usr/sbin/nologin
bin:x:2:2:bin:/bin:/usr/sbin/nologin
sys:x:3:3:sys:/dev:/usr/sbin/nologin
sync:x:4:65534:sync:/bin:/bin/sync
games:x:5:60:games:/usr/games:/usr/sbin/nologin
man:x:6:12:man:/var/cache/man:/usr/sbin/nologin
lp:x:7:7:lp:/var/spool/lpd:/usr/sbin/nologin
mail:x:8:8:mail:/var/mail:/usr/sbin/nologin
news:x:9:9:news:/var/spool/news:/usr/sbin/nologin
```

通过 awk 工具，我们可以显示或修改数据中的字段。例如，如果只想输出用户名（第一个字段）和登录 shell（第七个字段），可以使用以下 awk 命令：

```
root@centos:~# head /etc/passwd | awk -F : '{print $1, $7}'
root /bin/bash
daemon /usr/sbin/nologin
bin /usr/sbin/nologin
sys /usr/sbin/nologin
sync /bin/sync
games /usr/sbin/nologin
man /usr/sbin/nologin
lp /usr/sbin/nologin
mail /usr/sbin/nologin
news /usr/sbin/nologin
```

sed 和 awk 都不仅是强大的命令行工具，而且还具有编程功能，比如使用变量和流控制。要想获得更多创建 sed 脚本的详细信息，可以查看 sed 的手册页，或者访问 https://www.gnu.org/software/sed/manual/sed。awk 也有一个非常好的手册页，还有一个网站：https://www.gnu.org/software/gawk/manual/gawk.html。

## 7.2 编译型语言

本书的主要着眼点是向开发人员介绍 Linux 以及 Linux 上的流行语言。像 C、C++和 Java[①]这样的编译型语言，本书不做详细介绍，原因如下。

- □ 与脚本语言相比，这些语言中要学习的内容太多，学习难度也更大。
- □ 尽管这些语言确实可以在 Linux 上使用，也比较流行，但它们在非 Linux 系统上的应用更加广泛，比如微软的 Windows 系统（特别是 C++和微软的 C#）。换言之，它们不是主要流行在 Linux 上的语言，而是在多种平台上都能使用的标准语言。
- □ 我们的假设是你已经是一名开发人员，很可能已经掌握了一门或更多的编译型语言。

尽管本书不会特意介绍如何创建 C、C++和 Java 程序，但第 11 章确实涉及在 Linux 平台上使用这些语言编写代码的相关内容，内容如下：

- □ 处理系统库
- □ 建立软件包
- □ Java 安装

### 7.2.1 C 程序基础

如果你不熟悉 C 语言，那么以下是一些你应该知道的基础知识。

- □ 它是一门古老而又成熟的语言。
- □ 它缺少面向对象特性。
- □ 它通常用于低层次的任务，比如 Linux 内核。
- □ 它通常需要更多的代码，因为简单的任务需要加载库文件。
- □ 代码必须针对特定的操作系统进行编译：一次编写，到处编译（WOCA）。

### 7.2.2 C++程序基础

如果你不熟悉 C++语言，那么以下是一些你应该知道的基础知识。

- □ 它向 C 中添加了一些特性。
- □ 它添加的特性中包括了面向对象编程。
- □ 它通常用于更复杂的、高层次的编程任务。
- □ 代码必须针对特定的操作系统进行编译：一次编写，到处编译。

---

[①] 确切地说，Java 不是一门编译型语言，但与脚本语言相比，它更接近于编译型语言。

### 7.2.3 Java 程序基础

如果你不熟悉 Java 语言，那么以下是一些你应该知道的基础知识。

❑ 一门面向对象的语言。
❑ 它比 C++更加灵活。
❑ 通过"虚拟机"运行，所以代码的移植性更好：一次编写，到处运行（WORA/WORE）。

## 7.3 IDE

作为一名开发人员，你可能已经非常熟悉集成开发环境（IDE）了。例如，如果你在微软 Windows 平台上开发过 C 或 C++代码，就很可能对微软的 Visual Studio 非常熟悉。

IDE 提供了很多工具，可以使代码开发过程更容易。这些工具包括一个调试程序，以及一个能提供语法高亮等特性的特殊编辑器，这个编辑器也可以使你快速地插入新代码（而且没有错误）。

很多 IDE 可以用于 Linux，有些 IDE 是某种语言专用的，另外一些则更加通用。需要注意的是，有些 IDE 是免费的，其他的 IDE 则需要支付一定的费用才能使用。

提到 IDE 的目的是鼓励你做进一步的探索。举例来说，假设你研究了不同的 Linux 编程语言，然后确定了 Python 是最适合自己的语言。在对该语言做进一步的研究之前，可以先研究一下可用的 IDE（有十几种可供 Python 使用的 IDE），然后重点学习如何使用最符合你的需要的 IDE。[①]

| 编程小幽默

**算法**（名词）：软件开发人员在不想解释他们的代码做了什么的时候使用的一个名词。

## 7.4 小结

本章为你提供了 Linux 发行版上常用编程语言的基础知识。你学习了脚本语言和结构化语言之间的区别。我们还向你介绍了 Linux 上流行的几种脚本语言。本章内容为后面的四章打下了基础，在后面四章中，你将学习更多关于 BASH、Perl 和 Python 脚本的知识，以及在 Linux 发行版上编写 C、C++和 Java 代码的基本要点。

---

[①] 如果你听从了我在 IDE 方面的建议，那你一定不会后悔。很多开发人员都使用简单的文本编辑器来创建代码，没有利用现有的功能强大的调试工具。因为使用不恰当的工具而浪费了大量时间，这种人数不胜数。你现在就应该防患于未然，找到一个优秀的 IDE，不要把这件事留到以后再做!

# 第 8 章

# BASH shell 脚本

BASH 脚本的主要优点是可以在其中使用所有 BASH shell 能够完成的功能。因为 Linux 发行版中有几百条（甚至上千条）命令，每条命令都可以在 BASH 脚本中使用，所以 BASH shell 脚本是一种非常强大的工具。

本章的重点是让你对如何编写基本的 BASH 脚本有个清晰的理解，还要介绍一些更高级的特性。

## 8.1　BASH 脚本基础

从某种程度上说，你已经了解了 BASH 脚本的很多基础知识，因为你已经在本书中学习了 BASH shell 的很多特性。例如，在第 4 章中我们学习了 shell 变量，它可以在 BASH 脚本中储存值。

要开始一个 BASH 脚本，需在脚本文件的第一行输入以下内容：

```
#!/bin/bash
```

这个特殊的字符序列称为 sha-bang，它告诉系统以 BASH 脚本的方式运行代码。

### sha-bang 背后的故事

要理解 sha-bang 这个词的来源，你首先需要知道另外两个词。在 Linux 中，字符#被称为 hash，字符!被称为 bang，把它们放在一起读，就成了 hash-bang 或者 sha-bang。

有些文档称这一行为 she-bang，但从这个词的来源看，我觉得 sha-bang 更好。无论如何，你已经知道为什么#!被称为 sha-bang 了！

BASH 脚本中的注释以字符#开头，直到行的末尾。例如：

```
echo "hello world"    #prints "hello" to the screen
```

如上例所示，你可以使用 echo 命令向正在运行程序的用户显示信息。echo 命令的参数可以包括任意文本数据，也可以包括变量的值：

```
echo "The answer is $result"
```

创建并保存 BASH 脚本之后，要使它是可执行的：

```
[student@OCS ~]$ more hello.sh
#!/bin/bash
#hello.sh

echo "hello world!"
[student@OCS ~]$ chmod a+x hello.sh
```

现在可以使用以下语法像运行程序一样运行这个脚本了：

```
[student@OCS ~]$ ./hello.sh
hello world!
```

注意，需要在命令名称的前面加上./，这是因为该命令可能不在由$PATH 变量指定的目录中：

```
[student@OCS ~]$ echo $PATH
/usr/local/sbin:/usr/local/bin:/usr/sbin:/usr/bin:/sbin:/bin:/usr/games:/usr/local
/games
```

要想不使用./而随时运行脚本，你可以修改$PATH 变量，使其包括你的脚本所在的目录。通常，普通用户要在他们的主目录中创建一个 "bin" 目录，把脚本放在这个目录下：

```
[student@OCS ~]$ mkdir bin
[student@OCS ~]$ cp hello.sh bin
[student@OCS ~]$ PATH="$PATH:/home/student/bin"
[student@OCS ~]$ hello.sh
hello world!
```

除了第 4 章中讨论过的内置变量，BASH 脚本中还有表示传递给脚本的参数的变量。例如，考虑以下执行名为 test.sh 的脚本的例子：

```
[student@OCS ~]$ test.sh Bob Sue Ted
```

值 "Bob" "Sue" 和 "Ted" 都被分配给了脚本中的变量。第一个参数（"Bob"）分配给了变量$1，第二个参数分配给了变量$2，以此类推。此外，所有参数的集合被分配给了变量$@。

要学习关于这种位置参数变量的详细信息，或者与 BASH 脚本相关的任何内容，可以参考BASH 的手册页：

```
[student@OCS ~]$ man bash
```

## 8.2　条件表达式

BASH shell 中有几种条件语句，比如 if 语句：

```
if [ cond ]
then
    statements
elif [ cond ]
then
    statement
else
    statements
fi
```

注意以下几点：

❑ else if 拼作 elif，而且是可选的；
❑ 在 if 和 elif 后面需要加上一个 then 语句，但在 else 后面不需要 then 语句；
❑ if 语句的最后是一个反向拼写的 if：fi。

代码清单 8-1 给出了 if 语句的一个示例。

**代码清单 8-1**　if 语句示例

```
#!/bin/bash
#if.sh

color=$1

if [ "$color" = "blue" ]
then
    echo "it is blue"
elif [ "$color" = "red" ]
then
    echo "it is red"
else
    echo "no idea what this color is"
fi
```

代码清单 8-1 使用了以下条件语句：

```
[ "$color" = "blue" ]
```

### 引用变量

要养成在 BASH 脚本中用双引号将变量括起来的习惯。当变量没有被赋予一个值时，这一点是非常重要的。例如，假设代码清单 8-1 中的脚本不加参数运行，那么$color 变量就没有被赋值，条件语句将会是 if [ "" = "blue"]，结果是 false。但如果$color 变量没有加引号，就会出现一条错误消息，脚本会立刻终止。这是因为如果$color 变量没有返回值，那么最终的条件语句会缺少一个关键成分：if [ = "blue"]。

这种语法会隐含调用 BASH 中一个名为 test 的命令, 这个命令可以进行一些比较测试, 包括整数( 数值 )比较、字符串比较和文件测试操作。[①]例如, 使用以下语法来测试保存在变量 $name1 中的字符串值是否不等于保存在变量 $name2 中的字符串值:

```
[ "$name1" != "$name2" ]
```

**重要提示**

*方括号两侧的空格非常重要。每个方括号的前面和后面都应该有一个空格, 如果没有, 就会出现一条错误消息。*

除了确定两个字符串是否相等, 你会发现-n 选项也非常有用。[②]这个选项可以确定一个字符串是否为空, 这在测试用户输入时非常有用。例如, 代码清单 8-2 中的代码从用户输入（键盘）中读取数据, 将输入赋给变量 $name, 然后测试用户是否输入了姓名。

**代码清单 8-2　测试用户输入**

```
[student@OCS ~]$ more name.sh
#!/bin/bash
#name.sh

echo "Enter your name"
read name

if [ -n "$name" ]
then
   echo "Thank you!"
else
   echo "hey, you didn't give a name!"
fi
[student@OCS ~]$./name.sh
Enter your name
Bo
Thank you!
[student@OCS ~]$./name.sh
Enter your name
hey, you didn't give a name!
```

## 8.2.1　整数比较

如果你想执行整数（数值）比较, 那么可以执行如下操作。

❏ -eg: 如果两个值相等, 则返回 true。
❏ -ne: 如果两个值不相等, 则返回 true。

---

[①] 参见 test 命令的手册页以学习更多关于它的比较操作的知识: man test。
[②] 一个相似选项-z 在字符串中包含 0 个字符时返回 true。

❏ -gt：如果第一个值大于第二个值，则返回 true。
❏ -lt：如果第一个值小于第二个值，则返回 true。
❏ -ge：如果第一个值大于等于第二个值，则返回 true。
❏ -le：如果第一个值小于等于第二个值，则返回 true。

## 8.2.2 文件比较

你还可以在文件和目录上执行测试操作以确定它们的状态信息。这些操作如下。

❏ -d：如果"file"是目录，则返回 true。
❏ -f：如果"file"是普通文件，则返回 true。
❏ -r：如果文件存在且对运行脚本的用户是可读的，则返回 true。
❏ -w：如果文件存在且对运行脚本的用户是可写的，则返回 true。
❏ -x：如果文件存在且对运行脚本的用户是可执行的，则返回 true。
❏ -L：如果第一个值小于等于第二个值，则返回 true。

## 8.3 流控制语句

除了 if 语句，BASH 脚本语言中还有几种其他流控制语句。

❏ while 循环——重复执行一个代码块，只要条件语句为 true。
❏ until 循环——重复执行一个代码块，只要条件语句为 false。与 while 循环相反。
❏ case 语句——与 if 语句很相似，但为多种情况时提供了一种简易的分支方法。
❏ for 循环——对一个值列表中的每一项都执行一个代码块。

### 8.3.1 **while** 循环

以下代码段提示用户输入一个 5 位的数字。如果用户输入正确，程序就继续，因为 while 循环的条件是 false。但是，如果用户输入了不符合条件的数据，while 循环的条件就是 true，用户就会被提示继续输入正确的数据：

```
echo "Enter a five-digit ZIP code: "
read ZIP

while echo $ZIP | egrep -v "^[0-9]{5}$" > /dev/null 2>&1
do
  echo "You must enter a valid ZIP code - five digits only!"
  echo "Enter a five-digit ZIP code: "
  read ZIP
done

echo "Thank you"
```

上面例子中的 egrep 命令有点难以理解。首先，正则表达式的模式是匹配一个正好有 5 位的数值。其次，-v 选项的作用是在没有找到模式时返回一个值。所以，如果$ZIP 包含一个有效的 5 位数字，那么 egrep 就返回一个 false 结果，因为它试图找到那些不包含 5 位数的行。如果$ZIP 中不包含 5 位的数字，那么 egrep 命令就返回一个 true 结果。

为什么要使用> /dev/null 2>&1 呢？因为我们不想显示任何来自 egrep 命令的信息，只是想利用它 true 或 false 的返回值。所有 OS 命令在执行时都返回 true 或 false，[①]这就是我们所需要的。任何来自于命令的 STDOUT 和 STDERR 都是不必要的，给用户显示出来只能造成困惑。

### 8.3.2　for 循环

for 循环可以让你在一个项目集合上执行操作。例如，以 root 用户身份执行以下命令，可以创建 5 个用户账户：

```
for person in bob ted sue nick fred
do
    useradd $person
done
```

> **循环控制**
>
> 和多数语言一样，BASH 脚本提供了一种方法来提前跳出一个循环，或者停止当前的循环迭代而开始一个新的循环迭代。使用 break 命令可以立刻跳出 while 循环、until 循环或者 for 循环。使用 continue 命令可以停止 while 循环、until 循环或者 for 循环的当前迭代，开始下一次迭代。

### 8.3.3　case 语句

设计 case 语句的目的是帮助你进行多个条件检查。尽管你可以使用一个带有多个 elif 的 if 语句，但与 case 语句相比，if/elif/else 的语法一般来说太冗长了。

case 语句的语法为：

```
case var in
cond1) cmd
            cmd;;
cond2) cmd
            cmd;;
esac
```

在上面的语法示例中，var 表示你要进行条件检查的变量值。举个例子，看下面的代码：

---

① 精确地说，它们返回 0 表示 true，返回一个正数表示 false。

```
name="bob"

case $name in
ted) echo "it is ted";;
bob) echo "it is bob";;
*)    echo "I have no idea who you are"
esac
```

其中的条件是一种模式，使用与文件通配符相同的匹配规则。*匹配 0 个或多个任意字符，?
匹配单个字符，你可以使用方括号匹配特定范围内的单个字符，还可以使用|字符来表示"或"。
例如，代码清单 8-3 用来检查用户对问题的回答：

**代码清单 8-3** case 语句示例

```
answer=yes

case $answer in
y|ye[sp]) echo "you said yes";;
n|no|nope) echo "you said no";;
*)  echo "bad response";;
esac
```

## 8.4 用户交互

代码清单 8-3 中的例子有一点迷惑性，因为它想要检查用户输入。但是，变量被硬编码了，
使用实际的用户输入会更有意义。可以用 read 命令来收集用户输入：

```
read answer
```

read 语句提示用户进行输入，并且将用户输入的数据（确切地说是从 STDIN）读取到指定
作为 read 语句参数的变量中。代码清单 8-4 给出了一个示例。

**代码清单 8-4** read 语句示例

```
read answer

case $answer in
y|ye[sp]) echo "you said yes";;
n|no|nope) echo "you said no";;
*)  echo "bad response";;
esac
```

## 8.5 附加信息

你想学习更多关于创建 BASH 脚本的知识吗？以下是获取更多信息的极好资源。

❏ man bash——BASH shell 的手册页中有大量关于编写 BASH 脚本的信息。

❏ http://tldp.org——一个多数信息（很不幸）都已经过时的网站[①]，但是，它里面有一个珍贵的文档，名为 "Advanced BASH-Scripting Guide"。点击 Document 部分下方的 Guide 链接，向下滚动直到你看到这个指南。这份指南的作者通常会定期进行更新。因为该指南是按照发布日期排列的，所以这份指南几乎总是在列表的最上面。

**BASH 脚本小幽默**

确切地说，这不是个脚本小幽默，因为你将使用 vim 编辑器来编辑文件……

在命令行中使用 vim 命令打开 vim 编辑器，然后输入 :help 42。

## 8.6  小结

本书没有介绍 BASH 脚本的一些附加特性，但是，本章的目的是向你提供足够的知识，来确定 BASH 脚本对你来说是否是一门优秀的语言。如果你喜欢 BASH 脚本的特性和语法，可以研究一下文档，学习这门灵活语言的更多内容。

---

[①] 网站中有一些最新的文档，但大部分已经严重过时。看一下发布日期就可以知道，任何两三年前的内容都可能是不精确的（但仍然可能为你提供一些有益信息）。

# 第 9 章

# Perl 脚本

尽管起初是一门简单的脚本语言，但 Perl 现在已经发展为一门适合多种编程情况的强大语言。要掌握 Perl 脚本（本书中介绍的其他编程语言也是如此），需要学习大量知识，所以不要期望一夜之间就能成为专家。

本章的重点是让你对如何编写基本的 Perl 脚本有个清晰的理解，并掌握 Perl 的一些高级特性。

## 9.1  Perl 脚本基础

Perl 是一门非结构化语言，这意味着程序内的空白字符通常会被忽略。例如，以下代码在屏幕上打印出"hi"：

```
print "hi\n";
```

这行代码也可以这样写：[①]

```
print
"hi\n"
        ;
```

注意，在 Perl 中分号（;）是用来结束一条语句的。还要注意的是，字符串\n 表示一个换行符。print 语句不会自动显示一个换行符，这样会使有多个 print 语句时的输出非常难以处理。

Perl 中的注释以一个井号（#）开头，直到行的末尾。例如：

```
# This is my first Perl script
print "hello\n";    #displays "hello"
```

### 9.1.1  运行 Perl 代码

多数情况下，你会将 Perl 代码放在一个文件里，然后执行以下代码：

---

① 代码可以这样写，但这并不意味着你应该这样写。和所有语言一样，你应该以容易阅读的方式编写代码。

```
[student@OCS ~]$ more hello.pl
print "hello\n";
[student@OCS ~]$ perl hello.pl
hello
```

每次运行前都输入一遍 perl 命令非常无聊。如果不想这么做，可以使用#!行：

```
[student@OCS ~]$ more hello.pl
#!/bin/perl

print "hello\n";
[student@OCS ~]$ chmod a+x hello.pl
[student@OCS ~]$ ./hello.pl
hello
```

你还可以使用一种称为 Perl 调试器的特性来交互式地执行 Perl 代码。为此需运行这个命令：
perl -d -e "1;"。

-d 选项的作用是进入 Perl 调试器，它需要有效的 Perl 代码。-e 选项的作用是"运行命令行中提供的代码"。"1;"是有效的 Perl 代码，它什么都不做，只是返回一个 true 值。这个命令的结果是进入一个提示界面，如代码清单 9-1 所示。

**代码清单 9-1   交互式 Perl 调试器**

```
[student@OCS ~]$ perl -d -e "1;"

Loading DB routines from perl5db.pl version 1.37
Editor support available.

Enter h or 'h h' for help, or 'man perldebug' for more help.

main::(-e:1): 1;
  DB<1>
```

在提示符 DB<1>下，你可以输入 Perl 语句，然后按回车键运行命令。这样，你就能交互式地测试 Perl 代码。[①]需要注意的几点如下。

- 通常你需要在每个 Perl 语句的末尾加一个;字符。在 Perl 调试器中，回车键的作用类似于;，这意味着在调试器中你不用在 Perl 语句的末尾加上;。
- 少数功能在 Perl 调试器中是失效的（例如，正则表达式中的**后向引用**功能），但几乎所有在 Perl 脚本中有效的功能在 Perl 调试器中也是有效的。
- 要离开 Perl 调试器，输入 q，然后按回车键。

---

① 使用这种方法还可以在不创建完整 Perl 脚本的情况下演示 Perl 特性。

## 9.1.2　其他 Perl 文档

Perl 是一门功能非常丰富的语言，远远超过了本书（或任何一本书）介绍的范围。幸好，我们可以通过一些资源来获取更多的 Perl 信息：

❑ perldoc.perl.org——最主要的 Perl 文档网站；

❑ man perl——在 UNIX 和 Linux 系统中，这个命令可以提供关于 Perl 的详细信息；

❑ perldoc——在所有平台上，这个命令都可以提供关于 Perl 的信息。

perldoc 命令特别有用。试着运行一下这个命令：

```
perldoc perl
```

命令的结果以类似手册页的方式提供了关于 Perl 的信息，其中有个分类列表，如图 9-1 所示。

```
Overview
    perl            Perl overview (this section)
    perlintro       Perl introduction for beginners
    perltoc         Perl documentation table of contents

Tutorials
    perlreftut      Perl references short introduction
    perldsc         Perl data structures intro
    perllol         Perl data structures: arrays of arrays

    perlrequick     Perl regular expressions quick start
    perlretut       Perl regular expressions tutorial

    perlootut       Perl OO tutorial for beginners

    perlperf        Perl Performance and Optimization Techniques

    perlstyle       Perl style guide

    perlcheat       Perl cheat sheet
    perltrap        Perl traps for the unwary
    perldebtut      Perl debugging tutorial

    perlfaq         Perl frequently asked questions
      perlfaq1      General Questions About Perl
      perlfaq2      Obtaining and Learning about Perl
      perlfaq3      Programming Tools
```

图 9-1　Perl 帮助主题

所以，如果你想学习 Perl 正则表达式，就可以使用 perldoc perlrequick 或 perldoc perlretut 命令。你可以查看几十个不同的分类来学习关于 Perl 的知识。当你使用本书学习 Perl 的更多内容时，也要仔细地钻研这份文档。

## 9.1.3　变量和值

Perl 有三种数据结构：

❑ 标量——一种单一的数据类型，可以用作字符串或者数值；

❑ **数组**——标量值的有序列表，以逗号分隔；
❑ **散列**——无序值的集合，通过标量键来引用。也称为关联数组。

标量型变量使用字符$进行赋值和引用：

```
[student@localhost Desktop]$ perl -d -e "1;"

Loading DB routines from perl5db.pl version 1.37
Editor support available.

Enter h or 'h h' for help, or 'man perldebug' for more help.

main::(-e:1): 1;
  DB<1> $name="Bob"
  DB<2> print $name
Bob
```

**说明**

要从用户（键盘）那里读取数据，可以使用这样的语法：$name=<STDIN>;。

几种有用的内置 Perl 语句可以使用标量，比如代码清单 9-2 中的语句。

**代码清单 9-2    有用的标量语句**

```
[student@localhost Desktop]$ perl -d -e "1;"

Loading DB routines from perl5db.pl version 1.37
Editor support available.

Enter h or 'h h' for help, or 'man perldebug' for more help.
main::(-e:1): 1;
  DB<1> $name=<STDIN>      # 从键盘获取数据并赋给变量$name
Bob Smith
  DB<2> print $name        # 打印出"Bob Smith\n"；\n 是个换行符
Bob Smith
  DB<3> chomp $name        # 除去字符串末尾的换行符
  DB<4> print $name        # 打印出没有换行符的"Bob Smith"
Bob Smith
  DB<5> $name=lc ($name)   # 返回全是小写字母的"bob smith"
  DB<6> print $name
bob smith
```

数组的定义方法是创建以字符@开头的变量：

```
  DB<1> @colors=("red", "blue", "green")
  DB<2> print "@colors"
red blue green
```

Perl 中令人迷惑的一种操作是引用数组中的单个元素。因为这些单个元素是标量值，所以应该使用字符$来引用单个的数组值。例如，要显示数组中的第一个元素，可以使用如下代码：

```
DB<1> @colors=("red", "blue", "green")
DB<2> print $colors[0]
red
```

重要的数组操作语句如下：

- ❑ push——向数组末尾添加一个新元素；
- ❑ unshift——向数组开头添加一个新元素；
- ❑ pop——删除（并返回）数组的最后一个元素；
- ❑ shift——删除（并返回）数组的第一个元素；
- ❑ splice——添加或删除数组任意部分的一个或多个项目；
- ❑ sort——对数组元素进行排序。

你可以使用 foreach 语句对数组中的每个元素执行一种操作：

```
DB<1> @names=("Smith", "Jones", "Rothwell")
DB<2> foreach $person (@names) {print "Hello, Mr. $person\n";}
Hello, Mr. Smith
Hello, Mr. Jones
Hello, Mr. Rothwell
```

因为那些引号[①]和逗号，创建一个数组会非常痛苦。为了使生活更轻松一些，可以使用 qw 或 qq 语句：

```
DB<1> @colors=qq(red blue green) #same as @colors=("red", "blue", "green")
DB<2> @colors=qw(red blue green) #same as @colors=('red', 'blue', 'green')
```

### 单引号与双引号

双引号字符串中可以使用特殊字符，而单引号字符串则不可以。例如，字符串"hello\n"表示 hello 后面跟着一个换行符（\n=换行符），但字符串'hello\n'表示的是 hello\n。

**散列**（在某些其他语言中称为**字典**）提供了一种将键与值关联起来的方法。例如，要跟踪一些人最喜欢的颜色，可以使用以下代码：

```
DB<1> %favorite=("Sue" => "blue", "Ted" => "green", "Nick" => "black")
DB<2> print $favorite{"Ted"}
green
```

要想查看一个散列中所有的键，可以使用 keys 命令：

```
DB<1> %favorite=("Sue" => "blue", "Ted" => "green", "Nick" => "black")
DB<2> @people=keys(%favorite)
DB<3> print "@people"
Ted Nick Sue
```

---

① 是的，你应该在字符串上使用引号，尽管在 Perl 中似乎不需要这么做。默认情况下，Perl 将不带引号的值视为函数，并会使用函数的返回值替换函数调用。在字符串上加引号可以防止 Perl 将其当作函数调用。

**特殊变量**

Perl 中有些变量具有特殊的语言意义。通常这些变量有一个奇怪的名称，比如$|或者$_。举个例子，$$变量包含 Perl 本身进程的进程 ID。

有些特殊变量中保存着非常重要的信息，而有些变量则是可以修改的，用以改变 Perl 功能的执行方式。要想查看所有这些特殊变量的描述，可以查看这个 URL：http://perldoc.perl.org/perlvar.html。

## 9.2    流控制

Perl 支持很多传统的流控制语句，比如 if 语句：[①]

```
$name=<STDIN>;
chomp $name;
if ($name eq "Tim")
    {
        print "Welcome, Tim!";
    }
elsif ($name eq "Bob")
    {
        print "Welcome, Bob!";
    }
else
    {
        print "Welcome, stranger!";
    }
```

**elsif?**

在使用 Perl 的 if 语句时要当心，因为 else if 语句的写法很奇怪，它合成了一个词，去掉了第二个"e"！

另一个常用的条件语句是 while 循环。在 while 循环中，要执行一个条件检查。如果条件为 true，就执行一个代码块。代码块执行之后，再进行条件检查。代码清单 9-3 给出了一个例子。

**代码清单 9-3**    while 循环

```
print "Enter your age: ";
$age=<STDIN>;
chomp $age;

#Make sure the user entered a proper age:
while ($age < 0)
    {
```

---

① 注意这段代码的格式。Perl 实际上不受代码格式的影响，但阅读你代码的人则不然。Perl 代码没有什么标准惯例，我的建议是至少要在编写程序时保持一致，这样可以使程序更加易读。

```
        print "You can't be that young!\n";
        print "Enter your age: ";
        $age=<STDIN>;
        chomp $age;
    }
    print "Thank you!\n";
```

其他流控制语句如下。

- ❑ until——与 while 语句相反，只要条件语句返回 false，就执行一个代码块。
- ❑ unless——与 if 语句相反，如果条件语句为 false，就执行一个代码块。
- ❑ for——用来执行特定数量的操作，例如：

```
    for ($i=1; $i <=10; $i++) {#code}
```

- ❑ foreach——对列表（数组）中的每个项目执行一个代码块。

### switch 或 case 语句

Perl 本身没有 switch 或 case 语句。在早期的 Perl 代码中，可以使用多重 if/elsif 语句或者巧妙地使用其他条件语句来模拟一个 switch 语句。现代的 Perl 语言提供了一个与 switch 语句非常相似的 given 语句：

```
    use feature "switch";
        given ($setting) {
            when (/^Code/) { $code = 1 }
            when (/^Test/) { $test = 1 }
            default        { $neither = 1 }
        }
```

^Code 和 ^Test 都是正则表达式，本章稍后会进行介绍。

很多语言支持循环控制语句，比如 break 和 continue。Perl 也支持循环控制语句，但它们叫作 last 和 next，而不是 break 和 continue。你可以在 while、until、for 和 foreach 循环中使用这些循环控制语句。

## 9.3 条件

Perl 支持种类繁多的条件表达式，包括数值比较、字符串比较、文件测试操作和正则表达式。你还可以使用 Perl 语句的结果，但要注意只有一少部分内置 Perl 语句返回 true 或 false 值。

数值比较操作如下。

- ❑ ==：确定两个数值是否相等。

例：if ($age == 35) {}

❑ !=：确定两个数值是否不相等。

  例：if ($age != 35) {}

❑ <：确定一个数值是否小于另一个数值。

  例：if ($age < 35) {}

❑ <=：确定一个数值是否小于等于另一个数值。

  例：if ($age <= 35) {}

❑ >：确定一个数值是否大于另一个数值。

  例：if ($age > 35) {}

❑ >=：确定一个数值是否大于等于另一个数值。

  例：if ($age >= 35) {}

字符串比较操作如下。

❑ eq：确定两个标量是否相等。

  例：if ($name eq "Bob") {}

❑ ne：确定两个标量是否不相等。

  例：if ($name ne "Bob") {}

❑ lt：确定一个标量是否小于另一个标量。

  例：if ($name lt "Bob") {}

❑ le：确定一个标量是否小于等于另一个标量。

  例：if ($name le "Bob") {}

❑ gt：确定一个标量是否大于另一个标量。

  例：if ($name gt "Bob") {}

❑ ge：确定一个标量是否大于等于另一个标量。

  例：if ($name ge "Bob") {}

文件测试操作如下。[①]

☐ -r：确定一个文件是否可读。例如：if (-r "file"){}。

☐ -w：确定一个文件是否可写。

☐ -x：确定一个文件是否可运行。

☐ -T：确定一个文件是否包含文本数据。

☐ -e：确定一个文件是否存在。

☐ -f：确定一个文件是否存在，而且是普通文件。

☐ -d：确定一个文件是否存在，而且是目录。[②]

正则表达式是 Perl 编程语言中的一项强大功能。例如，使用以下代码，你可以看到一个标量变量中是否存在一个模式：

```
$name=<STDIN>;
if ($name =~ m/Bob/)
{
    print "yes"
}
```

在阅读 Perl 代码时，你应该熟悉几种正则表达式的功能。

☐ 使用以下语法，可以执行替换操作：

```
$name =~ s/Bob/Ted
```

☐ 它在$name 变量中使用"Ted"替换"Bod"。

☐ 因为匹配比替换更常用，所以在执行一个匹配时，可以省略"m"：

```
if ($name =~ /Bob/) {}
```

☐ 变量$_被称为默认变量，经常默认使用。例如：

```
if ($_ =~ /Bob/) {} is the same as if (/Bob/) {}
```

## 9.4 其他特性

除了从键盘（STDIN）读取数据，你还可以打开一个文件，从文件中直接读取数据。这个操作称为打开一个文件句柄：[③]

---

[①] 注意，在你查看 Perl 文档时，文件测试操作符没有列在操作符那一部分，而是在"Functions"部分。在"Functions"部分找到-X，学习更多关于文件测试操作符的知识。

[②] 我知道这句话看上去很怪，但在 Linux 中目录实际上就是文件。目录是一种包含特殊数据的文件，即目录中文件的列表。

[③] 实际上有好几种从文件中读取数据的技术，这只是其中的一种。

```
open (DATA, "<file.txt");
$line=<DATA>;
close DATA;       #when finished, close the filehandle
```

你还可以打开一个文件，然后向其写入数据：

```
open (DATA, ">file.txt");
print DATA "This is output";
close DATA;       # 结束后关闭文件句柄
```

Perl 中的另一个重要功能是函数。要创建一个函数，可以使用以下语法：

```
sub welcome
{
    print "This is my function";
}
```

你可以使用以下语法调用一个函数：

```
&welcome;
```

默认情况下，任何在程序主体中创建的变量都可以在函数中使用。此外，函数中的任何变量也可以在程序主体中使用：

```
sub total
{
    $z=$x + $y;     # $x 和$y 是主程序中的
}

$x=10;
$y=5;
&total;
print $z;     # $z 来自于 total 函数
```

要使变量成为私有的，可以使用 my 语句：[1]

```
sub total
{
    my $z=$x + $y;     # $x 和$y 在这里不能使用
}

my $x=10;
my $y=5;
&total;
print $z;     # $z 在这里不能使用
```

为了在其他程序中重用代码，Perl 中提供了**模块**功能，模块类似于其他语言中的库。调用一个模块，你就可以访问模块中共享给程序的函数。

例如，以下模块调用提供了一个名为 cwd 的函数，它可以显示当前目录：

---

[1] 这是 Perl 中变量作用范围的一个非常简化的介绍。实际上，Perl 提供了支持更加强大（也更加复杂）的变量作用范围的能力。

```
[student@OCS ~]$ perl -d -e "1;"

Loading DB routines from perl5db.pl version 1.37
Editor support available.
Enter h or 'h h' for help, or 'man perldebug' for more help.

main::(-e:1): 1;
  DB<1> use Cwd;
  DB<2> print cwd;
/home/student
```

关于模块有以下几点需要注意。

- 按照惯例，模块名称以大写字母开头。如果你看到一个 use 语句调用了都是小写字母的什么东西，那它就不是模块，而是另外一种称为**编译指示符**（pragma）的 Perl 特性。编译指示符用来修改 Perl 的默认行为，在 perldoc.perl.org 的 "Pragmas" 部分对此有非常全面的介绍。
- Perl 中有几百个内置模块，极大增强了这门语言的功能。在 perldoc.perl.org 的 "Modules" 部分对此有非常全面的介绍。
- 模块功能是由模块开发者决定的。可以查看模块文档来了解模块的功能。
- 你可以创建自己的模块，但这超出了本书范围。参见 perldoc.perl.org→language→perlmodlib 获取详细信息。

---

**Perl 小幽默**

作为 Perl 项目的仁慈的独裁者，拉里·沃尔一直监督着 Perl 的进一步发展。他在 Perl 中的地位被以下来自 Perl 官方文档的两条原则体现得淋漓尽致：

(1) 对于 Perl 该如何发展，拉里的意见毫无疑问是对的，也就是说他对 Perl 核心功能具有最终否决权；

(2) 拉里可以在日后改变他对任何事情的想法，不管他是否考虑到第一条原则。

知道了吧，拉里永远是对的，即使是在他犯错的时候。

## 9.5 小结

作为一门强大的语言，Perl 还有很多特性没有在本章中提及。但是，本章的目的是提供足够的信息，以让你确定 Perl 是否是一门好的语言。如果你喜欢 Perl 的特性和语法，那就继续去探索我们提供的文档资源，掌握关于这门灵活语言的更多知识吧。

# 第 10 章

# Python 脚本

# 10

Python 是一门非常强大的语言，提供了丰富多彩的现代语言特性。Python 本质上是面向对象的，这是它众多优点中的一个，也使它成为了完成大型程序任务的极好语言。

本章的目的是让你对如何编写基本 Python 脚本有个清晰的理解，并掌握一些 Python 的高级特性。

## 10.1 Python 脚本基础

与 Perl（见第 9 章）不同，Python 是一门非常结构化的语言。它对空白字符非常敏感，以至于不恰当地使用空白字符会导致编译错误和程序崩溃。

在创建一个代码块时，你必须使用同样数目的空白字符来缩进代码块。例如，在下面的代码片段中，注意看代码是如何缩进的：

```
x = 25
if x > 15:
    print x
    a = 1
else:
print x
    a = 2
```

因为第二个 print 语句没有正确缩进，所以上面的代码片段在编译时会出现一条错误消息。强制结构化的好处是可以使代码更易读（不仅是对其他人，对于几个月或几年以后重新阅读代码的你自己也是如此），坏处是当你丢了一个空格或不小心用一个制表符代替了 4 个空格时会非常痛苦。①

---

① 你可能会有疑问："为什么是 4 个空格，而不是 5 个或 8 个？" Python 增强提案（PEP）是推动 Python 发展的重要文档。PEP8 是 "Python 代码风格指南"，它规定了缩进标准是 4 个空格。

### 使用编辑器避免缩进问题

要避免缩进问题，可以使用有自动缩进功能的编辑器。有很多专门为 Python 设计的这种编辑器，当然你也可以使用通用编辑器，比如 vim。

要在 vim 中激活自动缩进，先打开编辑器，再运行命令:set autoindent。vim 还有个额外的好处：如果你用它编辑以.py 结尾的文件，Python 的核心语句会以彩色代码显示。

## 10.1.1　运行 Python 代码

现在两个主要的 Python 版本是 2.x 和 3.x。在写这本书的时候，2.x 版本更为流行，所以本书介绍 2.x 版的语法。要确定你的 Linux 发行版上安装的是哪个版本的 Python，可以运行带有-v 选项的 python 命令，或者使用没有参数的 python 命令进入 Python 交互式 shell：

```
[student@OCS ~]$ python
Python 2.7.5 (default, Oct 11 2015, 17:47:16)
[GCC 4.8.3 20140911 (Red Hat 4.8.3-9)] on linux2
Type "help", "copyright", "credits" or "license" for more information.
>>> quit()
[student@OCS ~]$
```

注意，python 命令不仅能显示 Python 版本，还可以带你进入交互式的 Python shell，你在其中可以实时地测试 Python 代码。要退出这个 Python shell，可以输入 quit()语句，如上例所示。

要执行保存在文件中的 Python 脚本，可以使用以下语法：

```
[student@OCS ~]$ python script.py
```

每次运行前都输入 python 命令会很烦人，如果不想这么做，可以使用#!行：

```
[student@OCS ~]$ more hello.py
#!/bin/python

print "hello"
[student@OCS ~]$ chmod a+x hello.py
[student@OCS ~]$ ./hello.py
hello
```

如上例所示，Python 中的 print 语句用来生成输出。默认情况下，这个输出会进入到 STDOUT 中。

### 关于.pyc 和.pyo 文件

Python 脚本名称应该以.py 结尾。有时候你会看到以.pyc 结尾的文件，这会导致一些困扰。最好不要去动这些文件，因为它们是 Python 代码的编译版本，不能直接编辑。

当调用 Python 库文件时，就会产生这种文件。其中的问题是，编译过程需要时间，每次调用库文件，库文件的代码都要被编译。为了使编译过程更高效，Python 会自动将编译后的代码

**10**

保存在以.pyc 结尾的文件中。所以，如果你调用了一个名为 input.py 的库文件，那么在调用了
这个库文件的程序执行之后，你就会看到一个名为 input.pyc 的文件。

当使 op 用 -O 选项调用 Python 时，就会生成.pyo 文件。和.pyc 文件类似，.pyo 也是编译后的代
码，不过是优化后的编译代码。

## 10.1.2　附加文档

起初，你可以看看 python 的手册页：man python，从中你可以获得一些 python 可执行
程序的基本信息，但其中没有太多关于如何在 Python 中编写代码的内容。

但是，在 python 手册页的底部，有一些非常有用的附加文档链接，如图 10-1 所示。

```
INTERNET RESOURCES
        Main website:  http://www.python.org/
        Documentation:  http://docs.python.org/
        Developer resources:  http://docs.python.org/devguide
        Downloads:  http://python.org/download/
        Module repository:  http://pypi.python.org/
        Newsgroups:  comp.lang.python, comp.lang.python.announce
```

图 10-1　Python 文档

当你开始学习 Python 时，http://docs.python.org/这个 URL 可能是最有用的，但随着时间的推
移，你会发现其他链接也是非常有价值的。

## 10.1.3　变量和值

Python 中有若干种数据结构类型。

- **数值变量**——单一数据类型，用来保存数值。
- **字符串变量**——单一数据类型，用来保存字符串。
- **列表**——数值或字符串的有序列表。
- **字典**——无序的值的集合，通过键来引用。

数值与字符串是不同的，你可以在数值上执行特定操作（加、减，等等），但在字符串上则
不行，如代码清单 10-1 所示。

**代码清单 10-1　数值与字符串**

```
[student@localhost Desktop]$ python
Python 2.7.5 (default, Oct 11 2015, 17:47:16)
[GCC 4.8.3 20140911 (Red Hat 4.8.3-9)] on linux2
Type "help", "copyright", "credits" or "license" for more information.
>>> a=100
>>> print a
```

```
100
>>> b=200
>>> print a + b
300
>>> c="hello"
>>> print a + c
Traceback (most recent call last):
  File "<stdin>", line 1, in <module>
TypeError: unsupported operand type(s) for +: 'int' and 'str'
```

注意代码清单 10-1 的最后一条语句，在数值操作中使用字符串变量会产生错误。

Python 可以对字符串进行各种操作。例如，你可以使用以下语句将字符串的开头字母大写：

```
>>> name="ted"
>>> name=name.capitalize()
>>> print name
Ted
```

Python 是一门面向对象的语言。变量可以保存不同类型的对象（数值类型、字符串类型，等等），如果要在对象上调用一个方法，可以使用 var.method() 这种格式。所以，name.capitalize() 的意义是在 name 变量中的对象上调用 capitalize 方法。

注意，Python 中也有少量传统函数。例如，在下面的代码中：

```
>>> name="ted"
>>> print len(name)
3
```

len 函数接受一个对象作为参数，并返回这个对象的长度。的确，既使用方法调用又使用函数有时候会令人困惑，但你要知道，Python 中使用最多的还是方法调用，函数则比较少见。

要创建一个列表，可以使用以下语法：

```
>>> colors=["red", "blue", "yellow", "green"]
>>> print colors
['red', 'blue', 'yellow', 'green']
```

可以使用以下方法访问列表元素：

```
>>> colors=["red", "blue", "yellow", "green"]
>>> print colors[1]
blue
>>> print colors[1:3]
['blue', 'yellow']
```

重要的列表操作方法如下：

❑ append——在列表末尾添加新元素；
❑ insert——在列表的特定位置填加新元素；

- ❑ extend——将列表元素添加到另一个列表中；
- ❑ del——根据索引位置从列表中删除一个元素；
- ❑ pop——删除列表中最后一个元素；
- ❑ remove——根据元素值从列表中删除一个元素。

## 元组

你可能还会遇到另一种与列表很相似的数据结构，这种结构称为**元组**。你可以将元组看作一旦创建就不能修改的列表。确切地说，元组是**不可变**（immutable）的，这是"不能修改"的一种时髦说法。如果要处理类似常量的数据结构，那么使用元组是一种聪明的做法。

要在 Python 中创建一个字典，可以使用以下语法：

```
>>> age={'Sarah': 25, "Julia": 18, "Nick": 107}
>>> print age
{'Sarah': 25, 'Nick': 107, 'Julia': 18}
>>> print age['Sarah']
25
```

要向字典中添加一个键–值对，可以使用以下语法：

```
>>> age['Bob']=42
```

有时候你想获取字典中所有键的列表，要完成这个任务，可以使用 keys() 方法：[①]

```
>>> age={'Sarah': 25, "Julia": 18, "Nick": 107}
>>> print age.keys()
['Sarah', 'Nick', 'Julia']
```

## 其他数据结构

Python 中还有一些其他数据结构需要你去研究。例如，你可以在 Python 中创建一个数据集合，这非常有用，因为集合对象中有一些方法，可以让你找到同时出现在两个集合中的项目，或者只出现在一个特定集合中的项目。

## 10.2    流控制

Python 支持多种传统流控制语句，比如 if 语句：

```
age=15
if age >= 16:
    print "you are old enough to drive"
elif age == 15:
    print "you are old enough for a permit"
else:
    print "sorry, you can't drive yet"
```

---

① 注意返回的键值不是按照它们最初建立时的顺序。请记住字典是键–值对的一种无序集合。

另一个常用的条件语句是 while 循环。在 while 循环中，要执行一个条件检查，如果条件为 true，就执行一个代码块。代码块执行之后，再进行条件检查。代码清单 10-2 给出了一个例子。

**代码清单 10-2　while 循环**

```
#!/bin/python

age = int(raw_input('Please enter your age: '))

while (age < 0):
    print "You can't be that young!";
    age = int(raw_input('Please enter your age: '))

print "Thank you!";
```

注意，在代码清单 10-2 中，函数 raw_input() 从用户（STDIN，比如键盘）那里获取数据，而函数 int() 将获取的数据转换为整数对象。

要在列表的每个项目上执行一种操作，可以使用 for 循环：

```
>>> colors=["red", "blue", "yellow", "green"]
>>> for hue in colors:
...     print hue
...
red
blue
yellow
green
```

很多语言都支持循环控制语句，比如 break 和 continue。Python 中有这些语句，你可以在 while 循环或 for 循环中使用它们。使用 break 命令可以提前跳出循环，使用 continue 命令可以停止循环的当前迭代，开始下一次迭代。Python 也支持 else 语句，如果循环不是通过 break 语句结束的，你可以使用它来执行其他代码。

## 10.3　条件

Python 支持种类繁多的条件表达式，你可以使用这些条件表达式在对象上进行操作。例如，你可以在字符串之间或字典之间进行比较，等等。

Python 中的比较操作符如下所示。

- ❑ ==：确定两个对象是否相等。
- ❑ !=：确定两个对象是否不相等。
- ❑ <：确定一个对象是否小于另一个对象。
- ❑ <=：确定一个对象是否小于等于另一个对象。

- ❑ >：确定一个对象是否大于另一个对象。
- ❑ >=：确定一个对象是否大于等于另一个对象。

# 10.4  其他特性

除了从键盘读取数据，你还可以打开文件，直接从文件中读取数据。例如：

```
>>> data=open('test.py', 'r')
>>> print data
<open file 'test.py', mode 'r' at 0x7f4db20ba1e0>
```

open 语句的第一个参数是要打开的文件名称，第二个参数是文件的打开方式。值 r 表示以只读的方式打开文件。你还可以使用 w 以可写的方式打开文件。

打开文件之后，你可以使用以下几种方法来读取或写入文件。

- ❑ read()——读取整个文件，例如：total = data.read()。
- ❑ readline——从文件中读取一行数据。
- ❑ write——向文件中写入数据，例如：data.write("hello")。

Python 中的另一个重要特性是函数。要创建一个函数，可以使用如下语法：

```
def welcome():
   print "This is my function"
```

你可以使用如下语法调用一个函数：

```
welcome()
```

为了在其他程序中重用代码，Python 中提供了**模块**功能。调用一个模块，就可以在你的程序访问由该模块共享的函数了。

例如，以下的模块调用可以提供一个名为 path 的函数，它可以显示出 Python 库文件所在的目录列表：

```
>>> import sys
>>> print sys.path
['', '/usr/lib64/python27.zip', '/usr/lib64/python2.7', '/usr/lib64/python2.7/
platlinux2', '/usr/lib64/python2.7/lib-tk', '/usr/lib64/python2.7/lib-old',
'/usr/lib64/python2.7/lib-dynload', '/usr/lib64/python2.7/site-packages',
'/usr/lib64/python2.7/site-packages/gtk-2.0', '/usr/lib/python2.7/site-packages']
/home/student
```

**编程小幽默**

递归的定义：

　　(1) 如果你理解了这个定义，就停止；

　　(2) 见递归的定义。

## 10.5　小结

　　本章对 Python 语言进行了简单介绍。和本书中讨论过的多数语言一样，Python 提供了很多特性。本章的目的是向你介绍这门语言，以让你确定 Python 是否能满足你软件开发的需要。

**10**

# 第 11 章

# C、C++和 Java

*11*

本章的目的和前面三章不同，第 8~10 章的目标是向你介绍新的语言，但本章的前提是你已经具有了 C、C++和 Java 编程的背景。这些语言在所有操作系统上都很流行，包括微软的 Windows。

本章的重点不是介绍 C、C++和 Java 的基础知识，而是与这些语言相关的一些话题。具体地说，Linux 操作系统对如何在这些语言中创建程序是有影响的，本章的目标就是介绍这方面的知识。

## 11.1　理解系统库

库是一种文件，里面包含了编译后的代码（通常是 C 或 C++），开发人员可以使用库为他们的程序添加更多功能。一般来说，库文件中包含了能与调用程序共享的函数和声明。很少有库文件能独立工作，因为它们的目的是定义一些能被调用程序所使用的内容。

其他程序通过源代码中的#include 语句来调用库文件。例如：

```
#include <stdio.h>
```

库文件调用的两种类型是：

❏ 静态

- 代码在编译时被包含到程序中；
- 文件名通常以.a 结尾；
- 会使二进制文件更大，但不需要另外的运行时文件。

❏ 共享

- 代码在运行时被包含到程序中；
- 更加灵活（可以在任何时候修改库文件）；
- 二进制文件更小，但丢失库文件会使程序无法运行。

## 11.1.1 管理共享库文件

在生产机器上,管理共享库文件这样的任务通常是由系统管理员负责的,但即使你不必负责,掌握有关管理这些文件的基础知识也可以使你成为更好的开发人员。

通常,在 Linux 系统中,共享库文件保存在以下几个位置之一:

- /lib 或/lib64
- /usr/lib 或/usr/lib64
- /usr/local/lib 或/usr/local/lib64

如果你的操作系统是 32 位的发行版,那么库文件就会在/lib、/usr/lib 和/usr/local/lib 中。在 64 位平台上,库文件则会在/lib64、/usr/lib64 和/usr/local/lib64 中。在 32 位的目录下,你也会看到一些库文件,因为有些应用即使在 64 位操作系统中也是运行在 32 位环境下的。图 11-1 给出了 /lib64 目录的一个例子。

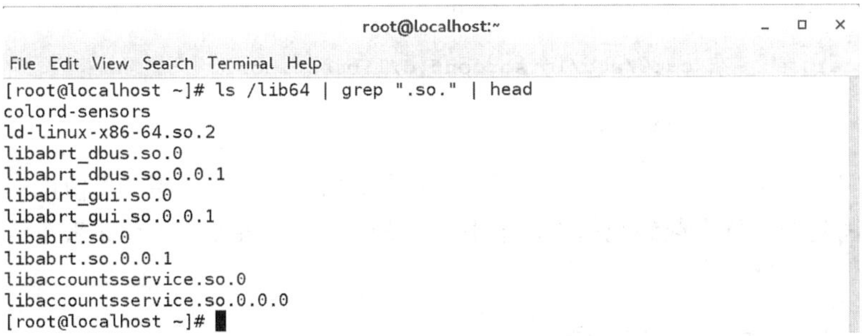

```
root@localhost:~                                    _  □  ×

File  Edit  View  Search  Terminal  Help
[root@localhost ~]# ls /lib64 | grep ".so." | head
colord-sensors
ld-linux-x86-64.so.2
libabrt_dbus.so.0
libabrt_dbus.so.0.0.1
libabrt_gui.so.0
libabrt_gui.so.0.0.1
libabrt.so.0
libabrt.so.0.0.1
libaccountsservice.so.0
libaccountsservice.so.0.0.0
[root@localhost ~]# ▮
```

图 11-1　共享库文件

这些共享库文件遵循的命名惯例是 libname.so.ver。在这个例子中,name 是库文件的唯一名称,ver 用来表示该文件的版本号。例如:libkpathsea.so.6.1.1。

在系统中管理库文件,就是按照需要添加或删除库文件。这需要作为 root 用户访问系统,因为只有 root 用户能修改配置文件。

共享库的主要配置文件是/etc/ld.so.conf 文件。不过,这个文件中通常只有一行:

```
[root@localhost ~]# more /etc/ld.so.conf
include ld.so.conf.d/*.conf
```

这个文件中的 include 行告诉系统使用某个目录中所有的配置文件,在前面的例子中,就是使用/etc/ld.so.conf.d 目录中所有以.conf 结尾的文件:

```
[root@localhost ~]# ls /etc/ld.so.conf.d
dyninst-x86_64.conf              libiscsi-x86_64.conf
kernel-3.10.0-327.el7.x86_64.conf    mariadb-x86_64.conf
```

这种使用 include 语句的方法有一个非常大的优势。假设你创建了某种需要几个共享库的软件。如果要在系统上安装这种软件，你就要告诉操作系统这些新的库文件在哪里。但你不用创建一个安装程序去修改主配置文件（/etc/ld.so.conf），你的安装程序只要简单地向/etc/ld.so.conf.d 目录中复制一个配置文件就可以了。同样，你用来删除软件的卸载程序也只需从/etc/ld.so.conf.d 目录中删除这个文件就可以了。

这个配置文件本身非常简单，它只是包含了一个目录，共享库文件就保存在这个目录中：

```
[root@localhost ~]# more /etc/ld.so.conf.d/libiscsi-x86_64.conf
/usr/lib64/iscsi
[root@localhost ~]# ls /usr/lib64/iscsi/
libiscsi.so.2 libiscsi.so.2.0.10900
```

要向系统中添加新的共享库，首先要将共享库下载到系统中，并放在一个目录下。添加了新的共享库之后，你要在/etc/ld.so.conf 目录中创建一个配置文件，然后执行 ldconfig 命令。[①]这些任务都应该以 root 用户的身份去完成：

```
[root@localhost ~]# ls /usr/lib64/test
mylib.so.1
[root@localhost ~]# cat /etc/ld.so.conf.d/libtest.conf
/usr/lib64/test
[root@localhost ~]# ldconfig
```

普通用户不能成功地执行 ldconfig 命令。但是，如果一个普通用户想使用一个特定的共享库，那他可以将这个文件下载到他的主目录中，再使用 LD_LIBRARY_PATH 来指示这个共享库的位置：

```
[student@localhost ~]$ ls lib
mylib.so.1
[student@localhost ~]$ export LD_LIBRARY_PATH=/home/student/lib
```

## 11.1.2 查看共享库文件

使用 ldd 命令，你可以查看一个特定命令使用了哪些共享库文件，如代码清单 11-1 所示。

**代码清单 11-1** ldd 命令

```
[root@localhost ~]# ldd /bin/cp
        linux-vdso.so.1 => (0x00007ffc35df9000)
        libselinux.so.1 => /lib64/libselinux.so.1 (0x00007f93faa09000)
        libacl.so.1 => /lib64/libacl.so.1 (0x00007f93fa800000)
        libattr.so.1 => /lib64/libattr.so.1 (0x00007f93fa5fa000)
        libc.so.6 => /lib64/libc.so.6 (0x00007f93fa239000)
        libpcre.so.1 => /lib64/libpcre.so.1 (0x00007f93f9fd8000)
        liblzma.so.5 => /lib64/liblzma.so.5 (0x00007f93f9db2000)
```

---

① 对于 ldconfig 命令来说，没有消息就是好消息，没有输出就意味着这个命令成功执行了。

```
libdl.so.2 => /lib64/libdl.so.2 (0x00007f93f9bae000)
/lib64/ld-linux-x86-64.so.2 (0x00007f93fac42000)
libpthread.so.0 => /lib64/libpthread.so.0 (0x00007f93f9992000)
```

使用 ldd 命令的目的是为你编写的代码排除错误。这个命令不但告诉你哪些库文件被调用，还明确地说明了每个库文件是从哪个目录中调用的。当某个库文件出现你未预料到的问题时，这种信息非常有用。

## 11.2 建立软件包

你成功地完成了软件的创建，准备将其打包以便安装。打包软件的两种常用技术是 RPM 和 Debian。[①]一般来说，在基于 Red Hat 的发行版（RHEL、Fedora、CentOS，等等）上，你应该使用 RPM；在基于 Debian 的系统（Debian、Ubuntu、Mint，等等）上，则应使用 Debian。

> **说明**
>
> 使用 RPM 和 Debian 创建软件包可能会非常复杂。本章提供了一个非常通用的例子，目的是对如何建立软件包做个简单介绍。

### 11.2.1 建立 RPM 包

要建立一个 RPM 包，先要安装 rpm-build 软件包，如代码清单 11-2 所示。（注意，yum 命令的一些输出被删除了。）

**代码清单 11-2** 安装 rpm-build

```
[root@localhost ~]# yum -y install rpm-build
Resolving Dependencies
--> Running transaction check
---> Package rpm-build.x86_64 0:4.11.3-17.el7 will be installed
--> Processing Dependency: patch >= 2.5 for package: rpm-build-4.11.3-17.el7.x86_64
--> Processing Dependency: system-rpm-config for package: rpm-build-4.11.3-17.el7.x86_64
--> Processing Dependency: perl(Thread::Queue) for package: rpm-build-4.11.3-17.el7.x86_64
--> Running transaction check
---> Package patch.x86_64 0:2.7.1-8.el7 will be installed
---> Package perl-Thread-Queue.noarch 0:3.02-2.el7 will be installed
---> Package redhat-rpm-config.noarch 0:9.1.0-68.el7.centos will be installed
--> Processing Dependency: dwz >= 0.4 for package: redhat-rpm-config-9.1.0-68.el7.centos.noarch
--> Processing Dependency: perl-srpm-macros for package: redhat-rpm-config-9.1.0-68.el7.centos.noarch
```

---

① 你也可以使用其他方法，比如 APK、TGZ 和 PET。比如，TGZ 就是使用 tar 命令将所有文件合成为一个文件，然后再使用 gzip 命令压缩 tar 文件。

```
--> Running transaction check
---> Package dwz.x86_64 0:0.11-3.el7 will be installed
---> Package perl-srpm-macros.noarch 0:1-8.el7 will be installed
--> Finished Dependency Resolution

Dependencies Resolved

Transaction Summary
================================================================================
=====================================
Install 1 Package (+5 Dependent packages)

Total download size: 451 k
Installed size: 944 k
Downloading packages:
Running transaction
    Installing : patch-2.7.1-8.el7.x86_64
1/6
    Installing : dwz-0.11-3.el7.x86_64
2/6
    Installing : perl-Thread-Queue-3.02-2.el7.noarch
3/6
    Installing : perl-srpm-macros-1-8.el7.noarch
4/6
    Installing : redhat-rpm-config-9.1.0-68.el7.centos.noarch
5/6
    Installing : rpm-build-4.11.3-17.el7.x86_64
6/6
    Verifying : redhat-rpm-config-9.1.0-68.el7.centos.noarch
1/6
    Verifying : perl-srpm-macros-1-8.el7.noarch
2/6
    Verifying : perl-Thread-Queue-3.02-2.el7.noarch
3/6
    Verifying : rpm-build-4.11.3-17.el7.x86_64
4/6
    Verifying : dwz-0.11-3.el7.x86_64
5/6
    Verifying : patch-2.7.1-8.el7.x86_64
6/6

Installed:
    rpm-build.x86_64 0:4.11.3-17.el7

Dependency Installed:
    dwz.x86_64 0:0.11-3.el7              patch.x86_64 0:2.7.1-8.el7
perl-Thread-Queue.noarch 0:3.02-2.el7
    perl-srpm-macros.noarch 0:1-8.el7 redhat-rpm-config.noarch 0:9.1.0-68.el7.centos

Complete!
```

下一步有点复杂，因为你要创建一个目录结构来包含各种不同的文件，包括你的软件以及软件安装指南。我建议你下载一个范例项目的源代码，以此作为模板。例如，下载完 dovecot 包的源代码之后，你可以使用 rpm 命令展开源代码，如代码清单 11-3 所示。[①]

**代码清单 11-3　安装 RPM 源代码**

```
root@localhost ~]# rpm -ivh /tmp/dovecot-2.2.10-5.el7.src.rpm
Updating / installing...
   1:dovecot-1:2.2.10-5.el7          ################################ [100%]
[root@localhost ~]# ls rpmbuild/
SOURCES SPECS
[root@localhost ~]# ls rpmbuild/SOURCES
dovecot-1.0.beta2-mkcert-permissions.patch   dovecot-2.2.9-nodevrand.patch
dovecot-1.0.rc7-mkcert-paths.patch           dovecot-2.2-pigeonhole-0.4.2.tar.gz
dovecot-2.0-defaultconfig.patch              dovecot.conf.5
dovecot-2.1.10-reload.patch                  dovecot.init
dovecot-2.1.10-waitonline.patch              dovecot.pam
dovecot-2.1-privatetmp.patch                 dovecot.sysconfig
dovecot-2.2.10-CVE_2014_3430.patch           dovecot.tmpfilesd
dovecot-2.2.10.tar.gz                        prestartscript
[root@localhost ~]# ls rpmbuild/SPECS
dovecot.spec
```

　　你的源代码保存在 SOURCES 目录下。spec 文件用来说明如何安装软件。从以下命令的输出可以看出，这个文件可能很大：

```
[root@localhost ~]# wc -l rpmbuild/SPECS/dovecot.spec
1849 rpmbuild/SPECS/dovecot.spec
```

　　没错，dovecot 包的 spec 文件有 1849 行之长，但不是所有 spec 文件都这么大（尽管有些会更大）。spec 文件本身就是个巨大的话题。不过，它们与 BASH shell 脚本非常相似，所以如果你仔细阅读几个现有的 spec 文件，就能知道如何创建自己的文件（或者修改现有的 spec 文件）了。

　　在将源文件放入正确的目录并创建了 spec 文件之后，你就可以使用以下命令建立软件包了：

**rpmbuild -ba ~/rpmbuild/SPECS/name.spec**

　　这个命令会创建两个新的子目录：RPMS 和 SRPMS。你的软件包的 RPM 文件就在这些目录里。

## 11.2.2　建立 Debian 包

　　建立 Debian 软件包的过程与建立 RPM 包的过程非常相似。主要步骤如下。

（1）下载源代码文件（通常是个 tar 文件）。
（2）编辑配置文件：

---

① 在这个例子中，我违背了一条最佳实践原则：不要在以 root 用户的身份登录时建立软件包。不过，我只是介绍一下建立软件包的基础知识。你可以研究一下 mock，这是一种可以用来建立 RPM 包的系统，它可以使用普通用户账户建立包，而不是 root 账户。

- ❑ debian/changelog
- ❑ debian/rules
- ❑ debian/control

(3) 使用 `dpkg-buildpackage` 建立软件包。

## 11.3    Java 安装基础

在较早的 Linux 发行版上，很少会默认安装 Java。但是，几乎所有发行版都将安装 Java 作为典型安装过程的一部分。你可以使用 `which` 命令看一下是否安装了 Java，如果安装了，就可以使用 `java` 命令来确定安装了哪个版本：

```
[root@localhost ~]# which java
/bin/java
[root@localhost ~]# java -version
openjdk version "1.8.0_91"
OpenJDK Runtime Environment (build 1.8.0_91-b14)
OpenJDK 64-Bit Server VM (build 25.91-b14, mixed mode)
```

如果没有安装 Java，你可以使用 `apt-get` 命令在基于 Debian 的系统上进行安装。在基于 Debian 的系统上，Java 软件包的名称是 `openjdk-X.X.X.jdk`（X.X.X 表示版本号）。

如果 Java 没有安装在基于 Red Hat 的系统上，那么可以使用 `yum` 命令安装它。在基于 Red Hat 的系统上，Java 软件包的名称是 `java-X.X.X-openjdk`。

**编程小幽默**

真正的程序员从 0 开始数数！

## 11.4    小结

本章介绍了 Linux 中与 C、C++和 Java 编程相关的一些关键概念和特性。你学习了如何管理库文件和如何为发行版打包软件。你还知道了如何确定是否安装了 Java，以及如何安装某个版本的 Java（如果没有安装的话）。

# 第四部分
# 使用 Git

最令开发人员头痛的问题之一就是必须管理源代码的多个版本。有时候，你需要"回退"到代码的上一个版本。手动维护这些版本不但复杂、低效，而且浪费时间。

当多个程序员协同工作完成一段源代码时，问题就更严重了。大型程序会有成千上万行代码，不同程序员会分别负责代码的不同部分。

以 Git 为代表的版本控制软件可以处理这种复杂的任务，替你维护源代码的不同版本。

# 第 12 章

# Git 基础

本章介绍 Git 的基础知识，包括如何安装访问 Git 服务器所必需的软件。你的软件项目就将保存在 Git 服务器上。

## 12.1　版本控制的概念

要理解 Git 和版本控制的概念，从历史角度回顾一下版本控制是非常有用的。一共有三代版本控制软件。

### 12.1.1　第一代版本控制软件

第一代版本控制软件非常简单，开发人员在同一个实体系统上工作，并且每次只能"签出"一个文件。

这代版本控制软件使用一种称为**文件锁定**的技术。当某个开发人员签出一个文件后，这个文件就被锁定，其他人员就不能编辑这个文件了。图 12-1 说明了这种版本控制方法的原理。

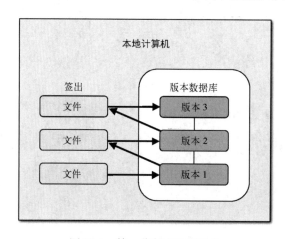

图 12-1　第一代版本控制软件

第一代版本控制软件的实例包括修订控制系统（RCS）和源代码控制系统（SCCS）。

## 12.1.2　第二代版本控制软件

第一代软件的问题如下：

❑ 同一时间只能有一位开发人员处理文件，这会在开发过程中导致瓶颈；
❑ 开发人员必须直接登录包含版本控制软件的系统。

这些问题在第二代版本控制软件中都得到了解决。在第二代软件中，文件存储在一个文件仓库的中央服务器上。开发人员可以签出文件的一个独立副本，在完成对文件的修改以后，再把文件签入到文件仓库中。图 12-2 说明了这种版本控制方法的原理。

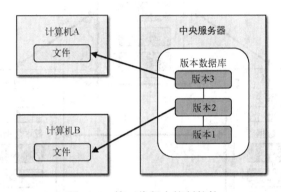

图 12-2　第二代版本控制软件

如果两位开发人员签出了一个文件的同一个版本，就会有潜在的问题。这个问题是通过一个名为**合并**的过程解决的。

**什么是合并？**

假设有两位开发人员，Bob 和 Sue，他们都签出了文件 abc.txt 的版本 5。Bob 完成了他的工作之后，将文件签入。通常情况下，这会生成文件的一个新版本，即版本 6。

过了一会儿，Sue 也签入了她修改后的文件。这个新文件必须把她的修改和 Bob 的修改合在一起，这是通过一个名为合并的过程完成的。

根据你使用的版本控制软件的不同，合并方法也有所不同。有些时候，比如 Bob 和 Sue 的这种情况，他们处理的是文件中完全不同的部分，合并过程就非常简单。但是，如果 Bob 和 Sue 处理的是文件中相同的代码行，合并过程就会更复杂。在这种情况下，Sue 必须做出决定，比如在文件的新版本中，是保留 Bob 的代码，还是她自己的代码。

合并过程完成以后，就需要把文件提交给文件仓库。提交过程实质上就是在文件仓库中创建一个新版本，在这个例子中就是版本 7。

12

第二代版本控制软件的实例包括并发版本系统（CVS）和 Subversion。

### 12.1.3　第三代版本控制软件

第三代软件指的是分布式版本控制系统（DVCS）。和第二代系统一样，项目的所有文件都包含在文件仓库的中央服务器中。不同的是，开发人员不是从文件仓库中签出独立的文件，而是签出整个项目，这使得开发人员可以处理全部文件，而不是某个独立的文件。图 12-3 说明了这种版本控制方法的原理。

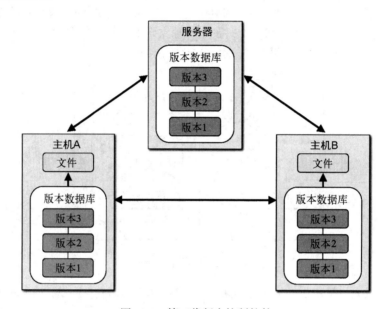

图 12-3　第三代版本控制软件

第二代和第三代版本控制软件之间的另一个（非常大的）不同在于合并和提交的过程。如前所述，在第二代系统中，要先执行合并，再将新版本提交到文件仓库中。

在第三代版本控制软件中，先签入文件，然后再合并文件。要理解这两种技术之间的差异，请先看看图 12-4。

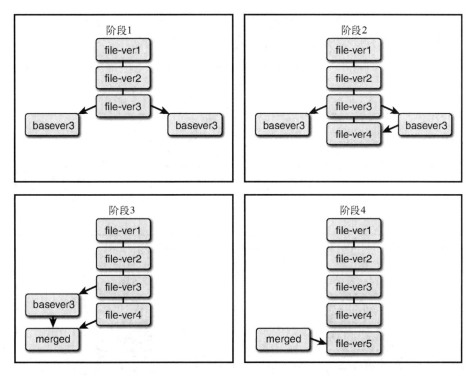

图 12-4 第二代合并与提交机制

在图 12-4 的阶段 1 中，两位开发人员签出了一个基于版本 3 的文件。在阶段 2 中，一位开发人员签入了这个文件，生成了文件版本 4。

在阶段 3，第二位开发人员必须先把他对签出副本的修改和版本 4（也可能还有其他版本）中的修改合并起来。合并完成后，新版本就可以作为版本 5 提交到文件仓库中。

如果你关注一下文件仓库中的内容（每个阶段的中间部分），就会发现这是一条非常平直的开发线（版本 1、版本 2、版本 3、版本 4、版本 5，等等）。这种简单的软件开发方法会有一些潜在问题。

❏ 要求开发人员在提交之前进行合并，通常会导致开发人员不想定期提交他们的修改。合并过程可能会非常痛苦，开发人员或许更愿意等到以后做一次大的合并，而不是做多次常规合并。这样会对软件开发造成消极影响，因为会突然有一大段代码被加入到文件中。此外，你还要不断地催促开发人员向文件仓库提交修改，就像你需要不断地劝告某人在写文档时要定期保存一样。

❏ 非常重要的是，这个例子中的版本 5 不一定是开发人员原来完成的工作。在合并过程中，开发人员为了完成合并过程，会丢弃一些工作。这并不是最理想的结果，因为会造成一些代码的损失，而这些代码可能是非常优秀的。

我们可以使用一种更好（当然）也更复杂的技术，这种技术称为**有向无环图**（DAG）。图 12-5
给出了一个例子，说明了 DAG 是如何工作的。

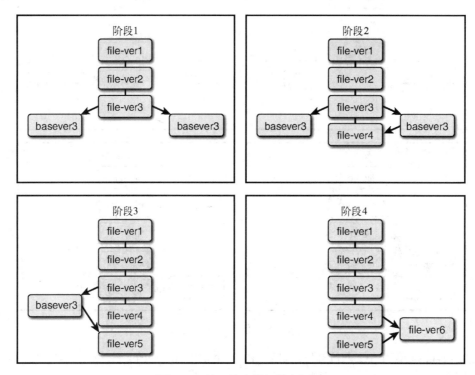

图 12-5    第三代合并与提交机制

阶段 1 和阶段 2 与图 12-4 中是一样的。但是，注意在阶段 3 中，第二个签入过程生成了版本
5 文件，这个文件不是基于版本 4 的，而是和版本 4 无关。在这个过程的阶段 4，文件的版本 4
和版本 5 合并，生成了版本 6。

尽管这个过程更加复杂（如果有大量开发人员，这个过程会更加更加复杂），但相对于"单
线"的开发过程来说，它有以下几个优点：

- ❑ 开发人员可以定期提交修改，不用担心后续的合并过程；
- ❑ 合并过程可以委派给一个专门的开发人员，他应该对整个项目和代码比其他开发人员有
  更好的理解；
- ❑ 项目管理者可以在任何时候回退，并查看每个开发人员到底做了什么。

当然，这两种方法之间存在争论。不过，要记住本书关注的是 Git，它使用的是第三代版本
控制系统的有向无环图方法。

## 12.2　安装 Git

你的系统上或许已经有 Git[①]了，因为有时候它是默认安装的（或者是其他管理员安装的）。如果你以普通用户的身份访问系统，可以执行以下命令来确定是否安装了 Git：

```
ocs@ubuntu:~$ which git
/usr/bin/git
```

如果安装了 Git，会提供 git 命令的路径，如上面的命令所示。如果没有安装，那么以下命令或者没有结果，或者提供一条错误消息，如下所示：

```
[ocs@centos ~]# which git
/usr/bin/which: no git in (/usr/lib64/qt-3.3/bin:/usr/local/bin:/usr/local/sbin:/usr/
bin:/usr/sbin:/bin:/sbin:/root/bin)
```

作为一名基于 Debian 的系统的管理员，你可以使用 dpkg 命令来确定是否安装了 git 软件包：

```
root@ubuntu:~# dpkg -l git
Desired=Unknown/Install/Remove/Purge/Hold
| Status=Not/Inst/Conf-files/Unpacked/halF-conf/Half-inst/trig-aWait/
➥Trig-pend
|/ Err?=(none)/Reinst-required (Status,Err: uppercase=bad)
||/ Name          Version         Architecture    Description
+++-=================-===============-===============-================================================
ii  git           1:1.9.1-1ubun   amd64           fast, scalable, distributed
➥revision con
```

作为一名基于 Red Hat 的系统的管理员，你可以使用 rpm 命令来确定是否安装了 git 软件包：

```
[root@centos ~]# rpm -q git
git-1.8.3.1-6.el7_2.1.x86_64
```

如果系统上没有安装 Git，那么你要么以 root 用户的身份登录，要么使用 sudo 命令或 su 命令来安装该软件。如果你在基于 Debian 的系统上以 root 用户的身份登录，那么可以使用以下命令来安装 Git：

```
apt-get install git
```

如果你在基于 Red Hat 的系统上以 root 用户的身份登录，那么可以使用以下命令来安装 Git：

```
yum install git
```

**12**

---

[①] 当我使用带大写字母 G 的 Git 时，指的是该软件项目。当我使用带小写字母 g 的 git 并使用代码字体时，那么有时候指的是命令，有时候指的是软件包（多数时候是命令）。

> **更强大的 Git!** [1]
>
> 考虑安装一下 `git-all` 这个软件包。这个包中还包括一些其他关联包，可以使 Git 的功能更强大。尽管在这本入门书中你可能用不到这些特性，但还是应该把它们准备好，以便以后可以使用更高级的 Git 功能。

## 12.3　Git 概念与特性

使用 Git 的挑战之一就是理解它背后的概念。如果你不理解其中的概念，那么所有 Git 命令在你看来都像某种黑科技。本节重点介绍关键的 Git 概念，以及一些基本命令。

### 12.3.1　Git 暂存机制

非常重要的一点是，要记住你"签出" [2]的是整个项目，而且大多数工作是在你工作系统的本地完成的。你签出的文件会放在主目录之下的一个目录中。

要从 Git 文件仓库中得到项目的一个副本，你要采用一个名为**克隆**的过程。克隆不只是创建文件仓库中所有文件的副本，它实际上有三种基本功能。

- ❑ 在你的主目录中创建一个 project_name/.git 目录，作为项目的本地文件仓库。这个目录下的项目文件被认为是从中央仓库中签出的文件。
- ❑ 创建一个你可以直接看见文件的目录，这个目录称为**工作区**。在工作区所做的修改并不立即进行版本控制。
- ❑ 创建一个暂存区。在将对文件的修改提交到本地文件仓库之前，这些修改都保存在暂存区里。

这就是说，如果你要克隆一个名为 Jacumba 的项目，那么整个项目将保存在你主目录下的 Jacumba/.git 目录中。你不能直接修改这个目录下的文件，但可以看一下~/Jacumba 目录，在这里你可以看到项目中的文件，这些文件就是你应该去修改的。

假设你对一个文件进行了修改，但在将修改提交到本地文件仓库之前，你必须处理一些其他文件。在这种情况下，你就应该**暂存**刚刚修改完毕的文件，这会让它处于准备被提交到本地仓库的状态。

在做完所有修改并暂存了所有文件之后，就可以将文件提交到本地文件仓库了。图 12-6 非常形象地展示了这个过程。

---

① 似乎所有这些 Linux "笑话" 都令我很开心。

② "签出" 加了引号的原因是，在 Git 中这个过程实际上被称为**克隆**。不过，有些过去使用第二代版本控制软件的开发人员还是习惯于使用 "签出" 这个词。在刚开始介绍 Git 过程时，我往往会交替使用这两个名词。

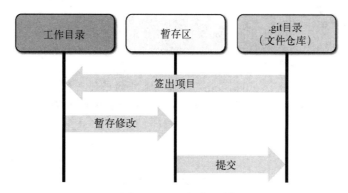

图 12-6 Git 暂存机制

你要知道，提交暂存文件只是将它们发送到本地文件仓库中，这意味着只有你才能访问刚刚所做的修改。向中央文件仓库中签入新版本的过程称为**推送**。

后面会更加详细地解释每个步骤，现在只是对概念进行简单介绍。在我介绍 Git 命令时，这会帮助你更好地理解命令的过程。

### 12.3.2　选择 Git 仓库主机

先说好消息：很多组织都提供 Git 主机——在写这本书的时候，我们有二十多种选择。这就是好消息……然后是坏消息。

说到坏消息，是因为这意味着你确实需要花费一些时间去研究不同主机组织的优点和缺点。例如，大多数主机组织对基本主机服务不收费，但对大型项目要收费。有些组织只提供公共文件仓库（任何人都可以看到你的仓库），而另外一些组织则允许你创建私有的仓库。还有很多其他特性需要考虑。

在你的考虑列表上，可能名列前茅的一个特性就是 Web 界面。尽管你可以在本地系统上完成几乎全部的文件仓库操作，但是能通过 Web 界面执行一些操作也是非常重要的。在选择主机之前，应该研究一下主机服务提供的 Web 界面。

**12**

**可以考虑以下主机服务**

你应该使用哪个Git仓库？我不会就这个问题提出建议，因为这确实要依你的具体需求而定。很多网站提供了最新的不同Git主机之间的对比，我强烈建议你在决定选择哪种主机之前先做下功课。

至少，我推荐考虑以下主机服务：

❏ https://bitbucket.org
❏ http://www.cloudforge.com

❑ http://www.codebasehq.com
❑ https://github.com
❑ http://gitlab.com

注意，我为本书的例子选择了 gitlab.com。上面列表中的任何一种主机服务都能完全满足本书的要求，选择 gitlab.com 只是因为我恰好在上一个 Git 项目中使用了它。

### 12.3.3   配置 Git

既然已经完成了理论学习，[①]那么是时候使用 Git 实际做点什么了。本节有如下假定：

❑ 你已经在系统上安装了 git 或 git-all 软件包；
❑ 你已经在某种 Git 主机服务中创建了账户。

你要做的第一件事是进行一些基本设置。只要你执行一个提交操作，你的名字和邮件地址就会包含在元数据中。要设置这些信息，可以使用以下命令：

```
ocs@ubuntu:~$ git config --global user.name "Bo Rothwell"
ocs@ubuntu:~$ git config --global user.email "bo@onecoursesource.com"
```

当然，你会用自己的名字和邮件地址代替 "Bo Rothwell" 和 "bo@OneCourseSource.com"。下一步是从 Git 主机服务中克隆你的项目。请注意，在克隆之前，主目录中只有一个文件：

```
ocs@ubuntu:~$ ls
first.sh
```

下面克隆一个名为 ocs 的项目：

```
ocs@ubuntu:~$ git clone https://gitlab.com/borothwell/ocs.git
Cloning into 'ocs'...
Username for 'https://gitlab.com': borothwell
Password for 'https://borothwell@gitlab.com':
remote: Counting objects: 3, done.
remote: Total 3 (delta 0), reused 0 (delta 0)
Unpacking objects: 100% (3/3), done.
Checking connectivity... done.
```

成功执行之后，请注意主目录中出现了一个新的目录：

```
ocs@ubuntu:~$ ls
first.sh ocs
```

如果你切换到新目录，就会发现从文件仓库中克隆过来的内容（目前文件仓库中只有一个文件）：

```
ocs@ubuntu:~$ cd ocs
ocs@ubuntu:~/ocs$ ls
README.md
```

---

① 相信我，理论还是非常有用的！

下面，在文件仓库目录中创建一个新文件。你可以从头开始创建新文件，也可以从别的地方复制过来一个：

```
ocs@ubuntu:~/ocs$ cp ../first.sh
```

请记住，这个目录中的任何文件都没有受到版本控制，因为这是工作目录。要把文件放入本地文件仓库，必须先把它添加到暂存区，然后再提交到文件仓库：

```
ocs@ubuntu:~/ocs$ git add first.sh
ocs@ubuntu:~/ocs$ git commit -m "added first.sh"
[master 3b36054] added first.sh
1 file changed, 5 insertions(+)
create mode 100644 first.sh
```

git add 命令将文件放入暂存区，git commit 命令将暂存区中的所有新文件提交到本地文件仓库。你可以使用-m 选项加上一条消息，这个例子中的消息给出了提交的原因。

需要重点指出的是，服务器上的文件仓库没有做任何修改，git commit 命令只是更新了本地文件仓库。看一下图 12-7，就可以知道服务器文件仓库没有被修改。图 12-7 是当前项目 Web 界面的一个屏幕截图。请注意，最初的文件 README.md 是在几天以前推送的，而新文件 first.sh 则根本不存在。

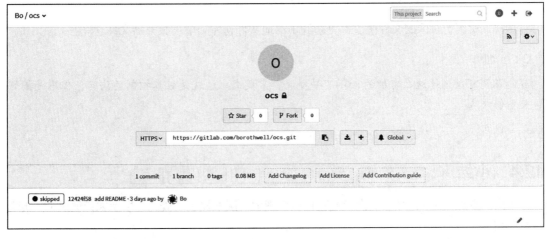

图 12-7　执行了 git commit 命令之后，服务器文件仓库并没有变化

你可以对本地项目再做一些修改，然后将这些修改"签入"（推送）至服务器文件仓库：

```
ocs@ubuntu:~/ocs$ git push -u origin master
Username for 'https://gitlab.com': borothwell
Password for 'https://borothwell@gitlab.com':
Counting objects: 4, done.
Compressing objects: 100% (3/3), done.
Writing objects: 100% (3/3), 370 bytes | 0 bytes/s, done.
```

```
Total 3 (delta 0), reused 0 (delta 0)
To https://gitlab.com/borothwell/ocs.git
   12424f5..3b36054 master -> master
Branch master set up to track remote branch master from origin.
```

看一下图 12-8，验证推送是否成功。

图 12-8　执行了 `git push` 命令之后，服务器文件仓库发生了变化

这样，所有暂存区的文件修改都更新到了本地文件仓库和中央服务器文件仓库。

**Git 小幽默**

可能还没有人说过这么睿智的话："早提交，常提交。这就是版本控制的诀窍，但不是搞好关系的诀窍。"

——佚名

## 12.4　小结

本章的重点是 Git 的核心概念。现在你应该理解了版本控制的概念，以及如何通过 Git 实现版本控制。

第 13 章

# 使用 Git 管理文件

13

Git 提供了丰富多彩的特性，但它的核心特性才是我们最常用的，这包括让我们暂存文件和提交文件到本地文件仓库的命令，以及创建分支的命令。本章重点介绍这些特性以及一些相关内容。

## 13.1　基本配置

你或许要执行一些配置工作。例如，通过以下命令，你可以设置默认编辑器：

```
ocs@ubuntu:~/ocs$ git config --global core.editor vi
```

通过 git config --list 命令，你可以查看当前的配置：

```
ocs@ubuntu:~/ocs$ git config --list
user.name=Bo Rothwell
user.email=bo@onecoursesource.com
core.editor=editor_name
core.repositoryformatversion=0
core.filemode=true
core.bare=false
core.logallrefupdates=true
remote.origin.url=https://gitlab.com/borothwell/ocs.git
remote.origin.fetch=+refs/heads/*:refs/remotes/origin/*
branch.master.remote=origin
branch.master.merge=refs/heads/master
```

你可以把配置信息保存在多个位置，其中之一就是你自己的主目录：

```
ocs@ubuntu:~/ocs$ more ~/.gitconfig
[user]
        name = Bo Rothwell
        email = bo@onecoursesource.com
[core]
        editor = vi
```

系统管理员也可以将所有用户的配置信息保存在文件/etc/gitconfig 中。在执行 git config --list 命令时，你看到的其他设置或者是默认设置，或者是从本地文件仓库导出的信息。

**获取帮助**

除了查看手册页获取关于 `git` 命令的信息之外，你还可以使用 `git help` 命令。如果不带参数运行，`git help` 命令会提供一个如何运行这个命令的概要，以及 `git` 命令的一个概括说明（`config`、`add`、`clone`、`commit`、`push`，等等）。

如果想查看具体命令的信息，可以执行 `git help command`。例如，`git help config` 自动带你来到该命令的手册页。

## 13.2 `git status`

在第 12 章中，你学习了如何从中央文件仓库服务器克隆一个已有的文件仓库，还学习了本地文件的生命周期，即文件如何被提交到本地文件仓库，然后再被推送到中央文件仓库服务器：

(1) 在文件仓库目录内创建文件；
(2) 使用 `git add` 命令将文件添加到暂存区；
(3) 使用 `git commit` 命令将文件提交到文件仓库；
(4) 使用 `git push` 命令将文件推送到中央服务器。

**注意**

你可以在 `git commit` 命令中使用 `-a` 选项，将 `git add` 命令和 `git commit` 命令组合成一个操作。

假设某一天你处理了一些文件，然后天色渐晚。当时是周五下午，你已经等不及开始过周末了。在接下来的星期一，你回到工作岗位，然后发现已经根本记不清把文件放在哪个区了。把它们添加到暂存区了吗？是全部添加了还是只添加了一部分？你向本地仓库中提交了任何文件吗？

这时候就应该使用 `git status` 命令：

```
ocs@ubuntu:~/ocs$ git status
On branch master
Your branch is up-to-date with 'origin/master'.

nothing to commit, working directory clean
```

**说明**

在运行 `git status` 命令时，你所在的目录对结果是有影响的。例如，如果你在主目录中，那么这个目录中的所有文件都会被检查，以确定它们是否在文件仓库中：

```
ocs@ubuntu:~$ git status
On branch master

Initial commit
```

```
    Untracked files:
      (use "git add <file>..." to include in what will be committed)

      .bash_history
      .bash_logout
      .bashrc
      .gitconfig
      .lesshst
      .profile
      .viminfo
      ocs/

    nothing added to commit but untracked files present (use "git add"
    ➥to track)
```

在运行这个命令之前，一定要确定你在文件仓库目录中！

如果你对一个文件做了修改，但还没有将其添加进暂存区，那么 `git status` 命令的输出就是以下这个样子：

```
ocs@ubuntu:~/ocs$ git status
On branch master
Your branch is up-to-date with 'origin/master'.

Changes not staged for commit:
  (use "git add <file>..." to update what will be committed)
  (use "git checkout -- <file>..." to discard changes in working directory)

        modified:   first.sh

no changes added to commit (use "git add" and/or "git commit -a")
```

请注意上面输出中 `Change not staged for commit` 那一部分。命令输出还是很有帮助的，它会告诉你如何使用 `git add` 命令进行暂存，或者如何使用 `git commit -a` 命令进行暂存和提交。

如果一个文件被添加到暂存区，但还没有提交到本地文件仓库，那么 `git status` 命令的输出会是以下这个样子：

```
ocs@ubuntu:~/ocs$ git add first.sh
ocs@ubuntu:~/ocs$ git status
On branch master
Your branch is up-to-date with 'origin/master'.

Changes to be committed:
  (use "git reset HEAD <file>..." to unstage)

        modified:   first.sh
```

`Change to be committed` 表示修改后的文件在暂存区内，但不在本地文件仓库中。如果一个文件已经被提交到本地文件仓库，但还没有提交到中央文件仓库服务器，那么 git status 命令的输出就是以下这个样子：

```
ocs@ubuntu:~/ocs$ git commit -m "demostrating status"
[master 9eb721e] demostrating status
 1 file changed, 2 insertions(+), 1 deletion(-)
ocs@ubuntu:~/ocs$ git status
On branch master
Your branch is ahead of 'origin/master' by 1 commit.
  (use "git push" to publish your local commits)

nothing to commit, working directory clean
```

注意，nothing to commit, working directory clean 表示暂存区不包含任何文件，工作区反映了本地文件仓库的当前内容。还要注意 Your branch is ahead of 'origin/master' by 1 commit 这条消息，它说明你需要执行 git push 命令来将本地文件仓库的内容推送到中央文件仓库服务器。

成功执行了 git push 命令之后，再执行 git status 命令的结果就和本节开始的例子一样了，如代码清单 13-1 所示。

**代码清单 13-1　所有文件都是最新的**

```
ocs@ubuntu:~/ocs$ git push -u origin master
Username for 'https://gitlab.com': borothwell
Password for 'https://borothwell@gitlab.com':
Counting objects: 5, done.
Compressing objects: 100% (3/3), done.
Writing objects: 100% (3/3), 381 bytes | 0 bytes/s, done.
Total 3 (delta 0), reused 0 (delta 0)
To https://gitlab.com/borothwell/ocs.git
   3b36054..9eb721e master -> master
Branch master set up to track remote branch master from origin.
ocs@ubuntu:~/ocs$ git status
On branch master
Your branch is up-to-date with 'origin/master'.

nothing to commit, working directory clean
```

## 13.2.1　处理多位置情形

因为有暂存区，所以有这样的可能，即文件的一个版本位于本地文件仓库，第二个版本位于暂存区，而第三个版本位于工作目录。当你编辑了一个文件，将其添加到暂存区，然后再次编辑这个文件时，就会出现这种情况。当出现这种情况时，git status 命令的输出就是代码清单 13-2 中的样子。

**代码清单 13-2   文件的三个版本**

```
ocs@ubuntu:~/ocs$ git status
On branch master
Your branch is up-to-date with 'origin/master'.

Changes to be committed:
  (use "git reset HEAD <file>..." to unstage)

        modified:  first.sh

Changes not staged for commit:
  (use "git add <file>..." to update what will be committed)
  (use "git checkout -- <file>..." to discard changes in working
➥directory)

        modified:  first.sh
```

在代码清单 13-2 的输出结果中，你可以看到文件 first.sh 既列在 Changes to be committed 部分，也列在 Changes not staged for commit 部分。这时你必须做出选择：

❑ **提交该文件的所有两个版本**——先执行 git commit 命令，再执行 git add，然后再执行一次 git commit；

❑ **提交该文件的最后一个版本**——先执行 git add 命令，再执行 git commit 命令。[①]

git status 命令的一个有用选项是-s，它可以显示更加精简的结果：

```
ocs@ubuntu:~/ocs$ git status -s
 M first.sh
A  showmine.sh
?? hidden.sh
```

每个文件前面都有至多两个字母，第一个字母表示文件在暂存区的状态，第二个字母表示文件在工作目录中的状态。文件 first.sh 在工作目录中被修改了，但你可以知道它还没有被暂存，因为字母"M"之前有个空格。注意文件被暂存之后的区别：

```
ocs@ubuntu:~/ocs$ git add first.sh
ocs@ubuntu:~/ocs$ git status -s
M  first.sh
A  showmine.sh
?? hidden.sh
```

文件 showmine.sh 前面的"A"表示这是一个已经被暂存的新文件（因为 A 在第一列），但还没有提交到文件仓库。??表示文件 hidden.sh 是一个既没有暂存也没有提交的新文件。在执行 git status -s 命令时，所有更新到本地文件仓库的文件都不列出。

---

[①] 这个 git commit 命令的结果会引起一些混淆：1 file changed, 2 inserttioins(+), 1 deletion(-)。因为文件被暂存了两个版本（2 insertions），其中一个被删除了，然后另一个被提交到了文件仓库。

**13**

### 13.2.2    让 Git 忽略文件

有时候，你想把一个文件放在工作目录内，但从来不会暂存或放入文件仓库中。例如，你可能有一个项目跟踪记录，但只是给自己看的。当然，你可以永不把这个项目加入暂存区，但这样就意味着 `git status` 命令再也不会返回 `nothing to commit, working directory clean` 了。

要让 `git` 命令忽略一个文件，可以在工作目录中创建一个.gitignore 文件，再把想忽略的文件名称放在这个文件中：

```
ocs@ubuntu:~/ocs$ touch notes
ocs@ubuntu:~/ocs$ git status -s
?? notes
ocs@ubuntu:~/ocs$ vi .gitignore      #added notes as shown below:
ocs@ubuntu:~/ocs$ cat .gitignore
notes
ocs@ubuntu:~/ocs$ git status -s
?? .gitignore
```

注意，你必须把.gitignore 文件本身也放入到.gitignore 文件中：

```
ocs@ubuntu:~/ocs$ git status -s
?? .gitignore
ocs@ubuntu:~/ocs$ vi .gitignore      #added .gitignore as shown below:
ocs@ubuntu:~/ocs$ cat .gitignore
notes
.gitignore
ocs@ubuntu:~/ocs$ git status -s
```

### 说明

你还可以在.gitignore 文件中使用通配符（*、?和[]）来匹配一组文件。例如，我喜欢用.me 的扩展名命名自己的文件，这样在.gitignore 文件中就可以使用*.me 这个模式来让 git 命令忽略我的所有文件。

你可以使用一个以/结尾的模式来表示一个完整的目录。

### 如果你一直跟着做⋯⋯

我尽量使 git 的操作过程清晰易懂，但有时候我会执行一些没有在正文中出现的命令。例如，现在我已经向本地文件仓库中添加了 first.sh 文件的几个版本（以及两个新文件：showmine.sh 和 hidden.sh）。我想在后面的例子中使用这些文件，所以决定把它们推送到中央服务器的文件仓库：

```
ocs@ubuntu:~/ocs$ git push -u origin master
Username for 'https://gitlab.com': borothwell
Password for 'https://borothwell@gitlab.com':
Counting objects: 10, done.
Compressing objects: 100% (7/7), done.
```

```
Writing objects: 100% (8/8), 865 bytes | 0 bytes/s, done.
Total 8 (delta 1), reused 0 (delta 0)
To https://gitlab.com/borothwell/ocs.git
   9eb721e..07bb91c master -> master
Branch master set up to track remote branch master from origin.
```

然而，这个操作对当前内容并不重要，所以我选择不在正文中展现这个操作。以后，如果进行了这种"幕后操作"，我会在脚注中说明这些命令。这样，如果你一直跟着我操作，那你的结果就会和我是一样的。

## 13.3 删除文件

假设某一天你纯粹出于测试目的创建了一个文件，然后在未加考虑的情况下把它提交到了本地文件仓库：[①]

```
ocs@ubuntu:~/ocs$ git add test.sh
ocs@ubuntu:~/ocs$ git commit "update 27"
```

后来，你意识到了错误，想删除这个文件。只在工作目录中删除这个文件是不够的，如代码清单 13-3 所示。[②]

**代码清单 13-3　从工作目录删除文件**

```
ocs@ubuntu:~/ocs$ rm test.sh
ocs@ubuntu:~/ocs$ git status
On branch master
Your branch is ahead of 'origin/master' by 1 commit.
  (use "git push" to publish your local commits)

Changes not staged for commit:
  (use "git add/rm <file>..." to update what will be committed)
  (use "git checkout -- <file>..." to discard changes in working directory)

        deleted:    test.sh
no changes added to commit (use "git add" and/or "git commit -a")
```

注意那个执行 git rm 命令的建议，这个命令会暂存要从文件仓库中删除的文件。代码清单 13-4 给出了 git rm 命令的一个例子。

**代码清单 13-4　暂存要删除的文件**

```
ocs@ubuntu:~/ocs$ git rm test.sh
rm 'test.sh'
```

**13**

---

[①] 这里有出现错误的可能，所以你必须使用 git add 和 git commit 命令来处理新文件（也就是说你不能用 git commit -a 命令添加新文件）。

[②] 但是，执行一个正常的 rm 命令不会有任何错误，因为你可能就是想从工作目录中删除这个文件。但这并不会在文件仓库中删除这个文件。

```
ocs@ubuntu:~/ocs$ git status
On branch master
Your branch is ahead of 'origin/master' by 1 commit.
  (use "git push" to publish your local commits)

Changes to be committed:
    (use "git reset HEAD <file>..." to unstage)

        deleted:    test.sh
```

最后，使用 git commit 命令从文件仓库中删除文件：

```
ocs@ubuntu:~/ocs$ git commit -m "deleting test.sh file"
[master 2b44792] deleting test.sh file
 1 file changed, 1 deletions(-)
 delete mode 100644 test.sh
```

## 13.4　处理分支

如果你想测试一下正在做的项目的某些新特性，但又不影响当前的开发进度，那么这就是创建分支的理想时间。

当你第一次创建项目时，代码是与一个名为 master 的分支关联在一起的。如果你想创建一个新的分支，可以使用 git branch 命令：

```
ocs@ubuntu:~/ocs$ git branch test
```

这并不意味着你立刻转到新分支上工作。从 git status 命令的结果可以看出，git branch 命令并没有改变你的当前分支：

```
ocs@ubuntu:~/ocs$ git status
On branch master
Your branch is ahead of 'origin/master' by 2 commits.
  (use "git push" to publish your local commits)

nothing to commit, working directory clean
```

上面命令输出结果的第一行 On branch master 就表示你仍然在 master 分支上工作。要切换到新分支，可以执行 git checkout 命令：[1]

```
ocs@ubuntu:~/ocs$ git checkout test
Switched to branch 'test'
```

切换操作实际上做了两件事情：

❑ 使以后的任何提交都发生在 test 分支；

---

[1] 你可以在 git checkout 命令中使用 -b 选项创建一个分支并切换过去：git checkout -b test。

❑ 使工作目录反映 test 分支中的内容。

通过一个例子，可以更好地理解上面的第二项操作。先看看以下的命令，它会生成 hidden.sh 文件的一个新版本，放在 test 分支的文件仓库中：

```
ocs@ubuntu:~/ocs$ git add hidden.sh
ocs@ubuntu:~/ocs$ git commit -m "changed hidden.sh"
[test ef2d7d5] changed hidden.sh
1 file changed, 1 insertion(+)
```

注意看一下当前工作目录中文件的内容：

```
ocs@ubuntu:~/ocs$ more hidden.sh
#!/bin/bash
#hidden.sh

echo "Listing only hidden files:"
ls -ld .* $1
```

如果我们将项目切换回 master 分支，就可以看到工作目录中 hidden.sh 文件的内容是不同的（注意缺少了 echo 那一行，它是在 test 分支中才加上的）：

```
ocs@ubuntu:~/ocs$ git checkout master
Switched to branch 'master'
Your branch is ahead of 'origin/master' by 2 commits.
  (use "git push" to publish your local commits)
ocs@ubuntu:~/ocs$ more hidden.sh
#!/bin/bash
#hidden.sh
ls -ld .* $1
```

你可以使用 git log 命令查看在不同分支上所做的修改，以及你为每次修改所做的注释：

```
ocs@ubuntu:~/ocs$ git log --oneline --decorate --all
ef2d7d5 (test) changed hidden.sh
2b44792 (HEAD, master) deleting test.sh file
19198d7 update 27
07bb91c (origin/master, origin/HEAD) adding showmine.sh and hidden.sh
75d717b added first.sh
9eb721e demostrating status[①]
3b36054 added first.sh
12424f5 add README
```

--online 选项让 git log 命令提供一个对每次修改的在线总结。--decorate 选项给出了一些其他信息，比如分支名称。--all 选项要求该命令显示所有分支的日志信息，而不是仅限于当前分支。

13

---

① 这只是一个给那些阅读非常仔细的人看的脚注：这个拼写错误（demostrating，应该是 demonstrating）就是该命令实际显示的输出结果。

## 13.5　推送分支

还记得那条推送修改到中央文件仓库服务器的命令吗？

```
git push -u origin master
```

你想知道 master 这个词在这里的作用吗？现在你大概能猜测出来了，它表示的是向中央文件仓库进行推送的分支。如果你想推送 test 分支，那就必须执行以下命令：[①]

```
git push -u origin test
```

除了创建分支和在分支之间来回切换之外，还有很多关于分支的知识。例如，有时候你会想合并来自不同分支的文件，或者看看不同分支之间文件版本的差异。第 14 章会介绍这些内容。

> **Git 小幽默**
>
> "当心，不要删除你所在的分支。"
>
> ——佚名

## 13.6　小结

读过本章之后，你应该对工作目录、暂存区和本地文件仓库的工作原理有了深刻的理解。你还应该掌握了如何确定一个文件当前处在以上哪个位置，以及如何指定 git 命令应该忽略的文件。你应该理解了分支的基础知识，包括如何创建分支、在分支之间切换、在不同分支中添加/提交，以及推送不同分支到中央文件仓库服务器。

---

[①] 如果你在跟着做，就应该知道我确实通过 git push 命令更新了 master 和 test 两个分支。我会在第 14 章的例子中使用这些数据。

# 管理文件差异 14

一般来说，开发人员喜欢写代码。遗憾的是，编写代码并不是开发人员的唯一职责。在源代码文件的两个版本之间搜索差异并将这两个版本合并成一个新版本是编写代码的主要工作之一。

Git 软件试图使这个过程更加容易，因此提供了能显示文件之间差异和帮助合并文件的工具。这些工具就是本章要介绍的重点。

## 14.1 执行 diff 命令

星期一早上，你来到工作地点，准备开始你的项目。在一段时间没有接触项目的情况下，运行一下 git status 总是一个非常好的习惯。你运行了命令，发现工作区中有一个文件，还没有放到暂存区：

```
ocs@ubuntu:~/ocs$ git status
On branch master
Your branch is up-to-date with 'origin/master'.

Changes not staged for commit:
  (use "git add <file>..." to update what will be committed)
  (use "git checkout -- <file>..." to discard changes in working directory)

        modified:   hidden.sh

no changes added to commit (use "git add" and/or "git commit -a")
```

你可以马上暂存并提交文件，但你想看看对这个文件做了哪些修改，没准儿上周五你没有完成对文件的修改。这可能是个问题，所以最好将工作目录中的文件版本和最近提交到文件仓库中的版本比较一下。你可以使用 git diff 命令来完成这个任务：

```
ocs@ubuntu:~/ocs$ git diff hidden.sh | cat -n
     1 diff --git a/hidden.sh b/hidden.sh
     2 index 05151ce..714482b 100644
     3 --- a/hidden.sh
     4 +++ b/hidden.sh
     5 @@ -1,4 +1,5 @@
```

```
 6   #!/bin/bash
 7   #hidden.sh
 8
 9  +echo "Hidden files:"
10   ls -ld .* $1
```

这个命令的结果需要解释一下。[①]我们忽略结果的前两行，因为目前来说它们根本不重要。

第 3 行和第 4 行表示文件的两个版本，每个版本都被分配给了一个字母（a 或 b）以进行区分。第 3 行表示该文件版本已经提交了，第 4 行则表示这个版本还在工作目录内。

第 5 行就如何使两个文件内容一致给出了一些"提示"。在这个例子中，这行的意思就是"在 a 文件的第 4 行加上 b 文件的第 5 行"。按照这些提示来做，就能使提交到文件仓库的版本和工作目录中的版本内容一致。

第 6~10 行形象地表示出了在提交版本中要进行什么样的修改，才能使它和工作目录中的版本内容一致。行前面的+号表示"加入这一行"，行前面的-号表示"删除这一行"。

> **说明**
>
> git diff 命令的输出结果被称为补丁输出，你可以使用这个输出来给文件打补丁（实质上就是将文件升级到当前最高版本）。第 15 章会介绍这部分内容。

这种版本之间的比较是一行一行进行的，理解这一点非常重要。一行代码上的一个简单修改就会使 git diff 命令认为这行代码和之前完全不同。例如，看一下代码清单 14-1，注意第 9 行和第 11 行之间的差异只是一个字符。

**代码清单 14-1　只有一个差异**

```
ocs@ubuntu:~/ocs$ git diff hidden.sh | cat -n
     1  diff --git a/hidden.sh b/hidden.sh
     2  index 05151ce..6de92ae 100644
     3  --- a/hidden.sh
     4  +++ b/hidden.sh
     5  @@ -1,4 +1,5 @@
     6   #!/bin/bash
     7   #hidden.sh
     8
     9  -ls -ld .* $1
    10  +echo "Hidden files:"
    11  +ls -ldh .* $1
```

默认情况下，git diff 命令在以下两种情形中对版本进行比较：

---

① 如果你在自己的系统上运行这个命令，并且没有将结果重定向到 cat 命令，那么就能看到一些彩色高亮的内容，这有助于你理解数据。

❑ 工作目录中的版本与提交的版本有差异，而且工作目录中的版本没有被暂存；

❑ 工作目录中的版本与暂存版本有差异。

这说明如果你暂存了文件，那么 git diff 命令不会比较暂存版本和提交版本，至少在默认情况下不会比较。正如你看到的，以下的 git diff 命令没有任何输出：

```
ocs@ubuntu:~/ocs$ git add hidden.sh
ocs@ubuntu:~/ocs$ git diff | cat -n
```

要比较暂存版本和提交版本，可以使用--staged 选项，如代码清单 14-2 所示。

**代码清单 14-2　暂存与提交差异**

```
ocs@ubuntu:~/ocs$ git diff --staged hidden.sh | cat -n
     1 diff --git a/hidden.sh b/hidden.sh
     2 index 05151ce..6de92ae 100644
     3 --- a/hidden.sh
     4 +++ b/hidden.sh
     5 @@ -1,4 +1,5 @@
     6  #!/bin/bash
     7  #hidden.sh
     8
     9 -ls -ld .* $1
    10 +echo "Hidden files:"
    11 +ls -ldh .* $1
```

## 14.1.1　处理空白字符

git diff 命令的一个重要选项是--check 选项，它可以查找空白字符。要理解这个选项的重要性，先看看代码清单 14-3 的输出结果。

**代码清单 14-3　空白字符的奥秘**

```
ocs@ubuntu:~/ocs$ git diff --staged hidden.sh | cat -n
     1 diff --git a/hidden.sh b/hidden.sh
     2 index 6de92ae..519eb3c 100644
     3 --- a/hidden.sh
     4 +++ b/hidden.sh
     5 @@ -1,5 +1,5 @@
     6  #!/bin/bash
     7 -#hidden.sh
     8 +#hidden.sh
     9
    10  echo "Hidden files:"
    11  ls -ldh .* $1
```

根据代码清单 14-3 的输出结果，第 7 行和第 8 行是有差异的。但是，它们看上去却完全一样。要想知道它们为什么有差异，可以使用--check 选项：

**14**

```
ocs@ubuntu:~/ocs$ git diff --staged --check | cat -n
     1 hidden.sh:2: trailing whitespace.
     2 +#hidden.sh
```

消息 trailing whitespace 表示这一行的末尾有某种空白字符（空格、制表符，等等）。[①]

## 14.1.2    比较分支

你还可以使用 git diff 命令比较不同分支中的文件。例如，要想查看两个分支之中有差异文件的列表，可以使用以下命令：

```
ocs@ubuntu:~/ocs$ git diff --name-status master..test
M        hidden.sh
```

在上面的 git diff 命令中，--name-status 选项给出了两个分支中有差异文件的概要说明。两个分支 master 和 test 被列出，以 .. 进行分隔。

要想查看两个分支中文件版本之间的差异，可以使用如代码清单 14-4 所示的语法。

**代码清单 14-4    两个分支间的 git diff 命令**

```
ocs@ubuntu:~/ocs$ git diff master:hidden.sh test:hidden.sh
diff --git a/master:hidden.sh b/test:hidden.sh
index 519eb3c..804fcf7 100644
--- a/master:hidden.sh
+++ b/test:hidden.sh
@@ -1,5 +1,5 @@
 #!/bin/bash
-#hidden.sh
+#hidden.sh

-echo "Hidden files:"
-ls -ldh .* $1
+echo "Listing only hidden files:"
+ls -ld .* $1
```

如果你觉得 git diff 命令的结果不容易看懂，可以考虑使用 git difftool 命令：[②③]

```
ocs@ubuntu:~/ocs$ git difftool hidden.sh

This message is displayed because 'diff.tool' is not configured.
See 'git difftool --tool-help' or 'git help config' for more details.
'git difftool' will now attempt to use one of the following tools:
opendiff kdiff3 tkdiff xxdiff meld kompare gvimdiff diffuse diffmerge ecmerge p4merge
araxis bc3 codecompare emerge vimdiff
```

---

① 注意这里我执行了 git commit 命令。
② 注意，如果你想使用 git difftool 命令，那么需要安装 git-all 软件包。

```
Viewing (1/1): 'hidden.sh'
Launch 'vimdiff' [Y/n]: y
2 files to edit
```

注意这个命令的提示，它告诉你如何使用该工具显示文件差异，还列出了可用的其他工具。①如果你想使用与它的选择不同的工具，可以执行以下命令：

```
git difftool --tool=<tool> file
```

`git difftool` 命令的输出会显示为一种更容易阅读的格式。例如，图 14-1 就是当你使用 vimdiff 命令作为显示工具时，`git difftool` 命令的输出结果。②

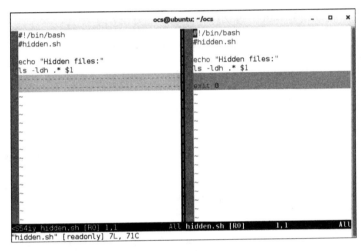

图 14-1 使用 vimdiff 的 git difftool

## 14.2 合并文件

假设你创建了一个新分支，并向文件中添加了一个新特性，如代码清单 14-5 所示。

**代码清单 14-5 新特性分支**

```
ocs@ubuntu:~/ocs$ more showmine.sh
#!/bin/bash
#showmine.sh

echo "Your processes:"
ps -fe | grep $USER | more
ocs@ubuntu:~/ocs$ git checkout -b feature127
Switched to a new branch 'feature127'
ocs@ubuntu:~/ocs$ vi showmine.sh
```

**14**

---

① 你的系统上很可能没有安装所有这些工具。
② 注意这里我执行了 git commit 命令。

```
ocs@ubuntu:~/ocs$ more showmine.sh
#!/bin/bash
#showmine.sh

echo -n "Enter name username or press enter: "
read person

echo "${person:-$USER} processes:"
ps -fe | grep "^${person:-$USER}" | more
```

在测试了这个新特性（见代码清单 14-5 的输出的最后两行）之后，你就可以在 master 分支上实现它了。为此，你需要将 feature127 分支中的内容合并到 master 分支上。先在 feature127 分支中提交所有修改，再切换到 master 分支：

```
ocs@ubuntu:~/ocs$ git commit -a -m "feature added to showmine.sh"
[feature127 2e5defa] feature added to showmine.sh
 1 file changed, 5 insertions(+), 2 deletions(-)
ocs@ubuntu:~/ocs$ git checkout master
Switched to branch 'master'
Your branch is ahead of 'origin/master' by 3 commits.
  (use "git push" to publish your local commits)
```

你必须处在合并操作的目标分支中，才能正确执行下一条命令。以下的 git merge 命令可以将 feature127 分支中的修改合并到 master 分支中：

```
ocs@ubuntu:~/ocs$ git merge feature127
Updating 4810ca8..2e5defa
Fast-forward
 showmine.sh | 7 +++++--
 1 file changed, 5 insertions(+), 2 deletions(-)
```

实现了这个特性之后，你确定不再需要 feature127 分支。要删除这个分支，可以使用以下命令：

```
ocs@ubuntu:~/ocs$ git branch -d feature127
Deleted branch feature127 (was 2e5defa).
```

合并过程可能更加复杂。例如，有一个名为 test 的独立分支，它是从更早的 master 分支中分出来的。在 test 分支中，最新的 showmine.sh 脚本的内容如下：

```
ocs@ubuntu:~/ocs$ git checkout test
ocs@ubuntu:~/ocs$ more showmine.sh
#!/bin/bash
#showmine.sh

echo "Your programs:"
ps -fe | grep $USER | more

echo -n "Enter a PID to stop: "
read proc
kill $proc
```

而已经提交到 master 分支的 showmine.sh 的当前版本内容如下：

```
ocs@ubuntu:~/ocs$ git checkout master
Switched to branch 'master'
Your branch is ahead of 'origin/master' by 4 commits.
  (use "git push" to publish your local commits)
ocs@ubuntu:~/ocs$ more showmine.sh
#!/bin/bash
#showmine.sh

echo -n "Enter name username or press enter: "
read person

echo "${person:-$USER} processes:"
ps -fe | grep "^${person:-$USER}" | more
```

你应该把 master 分支中的修改合并到 test 分支，还是应该把 test 分支中的修改合并到 mater 分支？一般情况下，如果你在 test 分支上要做的工作更多，就把 master 分支上的修改合并到 test 分支；否则，就把 test 分支上的修改合并到 master 分支。

下面的例子将 master 分支上的修改合并到了 test 分支：

```
ocs@ubuntu:~/ocs$ git checkout test
Switched to branch 'test'
Your branch is ahead of 'origin/test' by 1 commit.
    (use "git push" to publish your local commits)
ocs@ubuntu:~/ocs$ git merge master
Auto-merging showmine.sh
CONFLICT (content): Merge conflict in showmine.sh
Auto-merging hidden.sh
CONFLICT (content): Merge conflict in hidden.sh
Automatic merge failed; fix conflicts and then commit the result.
```

可以看出，合并过程没有完成，因为自动合并遇到了一些冲突。你可以使用 git status 命令查看这些冲突：

```
ocs@ubuntu:~/ocs$ git status
On branch test
Your branch is ahead of 'origin/test' by 1 commit.
  (use "git push" to publish your local commits)

You have unmerged paths.
  (fix conflicts and run "git commit")

Unmerged paths:
  (use "git add <file>..." to mark resolution)

        both modified:      hidden.sh
        both modified:      showmine.sh

no changes added to commit (use "git add" and/or "git commit -a")
```

14

这个结果说明了两个文件之间有冲突，不是一个。如果你查看一下工作目录中的新 showmine. sh 文件，就会看到它的内容如代码清单 14-6 所示。

**代码清单 14-6　合并文件**

```
ocs@ubuntu:~/ocs$ cat -n showmine.sh
     1 #!/bin/bash
     2 #showmine.sh
     3
     4 <<<<<<< HEAD
     5 echo "Your programs:"
     6 ps -fe | grep $USER | more
     7
     8 echo -n "Enter a PID to stop: "
     9 read proc
    10 kill $proc
    11
    12 =======
    13 echo -n "Enter name username or press enter: "
    14 read person
    15
    16 echo "${person:-$USER} processes:"
    17 ps -fe | grep "^${person:-$USER}" | more
    18 >>>>>>> master
```

基本上，这个文件包含了每个文件中的内容。要解决这些冲突，我们先不去直接编辑文件，而是使用 git mergetool 命令：①

```
ocs@ubuntu:~/ocs$ git mergetool showmine.sh

This message is displayed because 'merge.tool' is not configured.
See 'git mergetool --tool-help' or 'git help config' for more details.
'git mergetool' will now attempt to use one of the following tools:
opendiff kdiff3 tkdiff xxdiff meld tortoisemerge gvimdiff diffuse diffmerge ecmerge
p4merge araxis bc3 codecompare emerge vimdiff
Merging:
showmine.sh

Normal merge conflict for 'showmine.sh':
  {local}: modified file
  {remote}: modified file
Hit return to start merge resolution tool (vimdiff):
```

git mergetool 命令使用某种 diff 工具来显示文件，例如，在图 14-2 中，使用的是 vimdiff。②

--------

① 注意，如果你想使用 git mergetool 命令，那么需要安装 git-all 软件包。

② vimtool 工具使用彩色高亮显示文件之间的差异，长时间查看肯定会使你头痛。我强烈建议你立刻执行 :diffoff! 命令，来避免视觉问题和头晕眼花。不过，当你想修改文件时，可以通过执行 :window diffthis 命令还原这个功能。

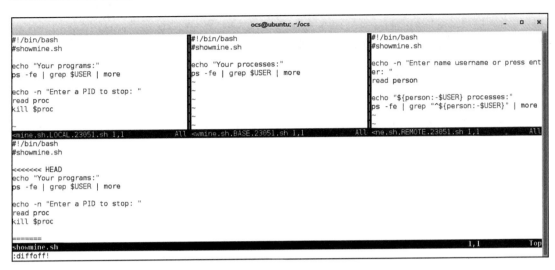

图 14-2 使用 `vimtool` 的 `git mergetool`

如果你第一次看到这个结果，可能会有点无所适从，但其实没你想象的那么糟糕。要想理解它的工作原理，可以看一下图 14-3。

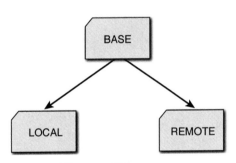

图 14-3 理解 `vimdiff`

BASE 版本中是两个分支上一次同步之后文件中的内容，LOCAL 版本表示的是当前分支（本例中是 `test` 分支）中的文件内容；REMOTE 版本表示的是要合并到当前分支的分支（本例中是 `master` 分支）中的文件内容。底部的文件是你正在创建或合并的文件。

在图 14-2 中你可以看到，文件所有版本中的前三行都是一样的。如果想找到 LOCAL 和 REMOTE 版本中第一行有差异的内容，可以使用：`diffget RE` 命令在 REMOTE 文件中找到相关代码。在本例中，这个命令会找到 `echo`、`read`、`echo` 和 `ps` 命令。

假设你想按照这三个文件其中的一个输入一些特定的行，比如，你想复制 LOCAL 版本的最后四行到合并区域中，那么基本上就是执行一些复制和粘贴操作。

要切换到 LOCAL 窗口，先按住 Ctrl 键，再按两次 W 键（Ctrl+W+W）。然后复制最后四行

**14**

代码（来到你想复制的第一行，然后输入 4yy）。使用 Ctrl+W+W 切换窗口，直到光标回到合并区域，然后移动到你想进行修改的地方并按 P 键。

所有修改完成之后，你应该保存并退出所有四个版本的窗口。最容易的方法是使用 :wqa 这个 vim 命令。

合并所有文件，然后使用 git commit -a 命令对它们进行暂存和提交。①

> **┃Git 小幽默**
>
> "Git 知道你去年夏天做了什么！"
>
> ——佚名

## 14.3　小结

至此，你应该掌握了如何创建分支、查看文件版本之间的差异，以及将一个分支中的文件合并到另一个分支。

---

① 如果你一直跟着做，应该注意，在本章结束时，我完成了所有文件的合并（包括 hidden.sh 文件），将所有修改提交到了 test 分支，并将 test 和 master 分支上的所有修改都推送到了中央文件仓库服务器。

# 第 15 章

# Git 高级特性

Git 的核心是文件仓库。第 13 章和第 14 章介绍了能使你在本地文件仓库上进行工作的工具。在这一章，你将学习如何与中央文件仓库服务器交互。

## 15.1 管理文件仓库

从你的角度看，相对于你系统上的文件仓库（**本地**文件仓库），中央文件仓库服务器也可以认为是**远程**文件仓库。

要想查看远程文件仓库的位置，可以使用 `git remote -v` 命令：

```
ocs@ubuntu:~/ocs$ git remote -v
origin https://gitlab.com/borothwell/ocs.git (fetch)
origin https://gitlab.com/borothwell/ocs.git (push)
```

这两行输出都指向同一位置。第一行表示下载内容时所用的远程文件仓库，第二行表示上传内容时所用的远程文件仓库。

你很可能工作在多个独立的项目上，每个项目都有自己的远程文件仓库。要访问另一个项目，可以使用 `git remote add` 命令：[①]

```
ocs@ubuntu:~/ocs$ git remote add docs
➥ https://gitlab.com/borothwell/docs.git
ocs@ubuntu:~/ocs$ git remote -v
docs https://gitlab.com/borothwell/docs.git (fetch)
docs https://gitlab.com/borothwell/docs.git (push)
origin https://gitlab.com/borothwell/ocs.git (fetch)
origin https://gitlab.com/borothwell/ocs.git (push)
```

参数 `docs` 表示你想在本地如何引用这个远程文件仓库，最后一个参数是远程文件仓库的 URL 路径。

当然，添加了远程文件仓库之后，你还应该使用 `git clone` 命令对其进行克隆：

---

① 我使用 gitlab.com 提供的 Web 界面创建了这个新项目。

```
ocs@ubuntu:~/ocs$ cd ..
ocs@ubuntu:~$ git clone https://gitlab.com/borothwell/docs.git
Cloning into 'docs'...
Username for 'https://gitlab.com': borothwell
Password for 'https://borothwell@gitlab.com':
warning: You appear to have cloned an empty repository.
Checking connectivity... done.
ocs@ubuntu:~$ ls
docs ocs
ocs@ubuntu:~$ ls -a docs
. .. .git
```

尽管这是个空的文件仓库,但从创建了~/docs 目录和 docs/.git 目录这个事实可知,克隆操作确实完成了。要在这个项目上进行工作,只要在~/docs 目录创建文件并在这个目录中执行 git 命令即可。

## 15.1.1 从远程服务器获取内容

从远程服务器获取内容到本地文件仓库和工作目录的过程相当简单。在这种情形下,你通过执行 git clone 命令将项目中的所有内容从远程服务器复制到本地系统。

但是,在后来的开发周期中,当你想把来自远程服务器(就像来自其他开发人员一样)的修改包含在本地文件仓库和工作目录中时,这个过程会变得非常复杂。你可以使用几种不同的方法,其中每种方法都有不同的预期结果。

在进入从远程服务器获取内容的过程之前,我们先形象化地看一下内容是如何从工作目录发送到其他位置的,这可能会非常有帮助,见图 15-1 中的示意图。

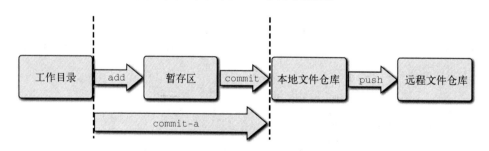

图 15-1　从工作目录发送修改的 git 命令

在图 15-1 中,你可以看到版本修改的流程。git add 命令将工作版本发送到暂存区。git commit 命令将暂存版本发送到本地文件仓库。git commit -a 命令可以从工作目录发送一个版本到暂存区,然后再到本地文件仓库。最后,git push 命令可以将文件修改过的版本发送到远程文件仓库。[①]

---

[①] 这些命令没有一个是新的,因为它们都在上一章中进行了介绍。但是,把这个过程形象化地表示出来有助于你更好地理解下一个话题。

**什么时候提交，什么时候推送**

经常有人问我，什么时候使用 git commit 命令，什么时候使用 git push 命令。有些组织提供了规则或指南，告诉开发人员在何时进行提交，或者在何时进行推送。如果你所在的组织没有任何指南，那么我建议你遵循以下原则。

☐ 经常提交！这是你消除错误和回退到一个更早版本的手段。你可以将提交看作对文件的"另存为"操作。

☐ 当你想与其他开发人员分享某些内容时，才进行推送。在一天中为了一个微小的文件修改而推送多次，会使合并和应用修改的过程更加困难。

文件版本不仅能从工作目录发送到远程文件仓库，还能从远程文件仓库传播到本地文件仓库和工作目录。图 15-2 形象地描述了能执行这些任务的命令。[①]

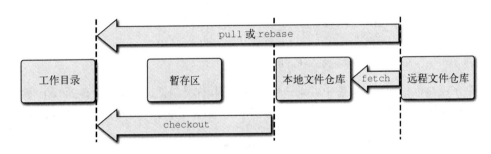

图 15-2　从远程文件仓库提取修改的 git 命令

这些命令的详细解释如下。

☐ git fetch 命令从远程文件仓库中下载文件的历史最新版本到本地文件仓库。这个命令不会改变你的工作目录，但你可以使用 git checkout 命令使工作目录包含所在分支的文件最新版本。

**重要提示**

git fetch 命令只下载文件版本，不会执行任何合并操作。

☐ git pull 命令从远程文件仓库中下载文件的历史最新版本到本地文件仓库，但这个命令会执行合并操作，并更新你工作目录中的内容。这个合并操作与第 14 章中的描述是一样的。

☐ git rebase 命令将一个分支中的所有修改应用到当前分支。这个过程称为**打补丁**，本章后面会更加详细地介绍。

---

[①] 注意图 15-2 中没有包括 git clone 命令，这是因为通常你只会执行一次这个命令，就是在从远程文件仓库首次下载的时候。

### 15.1.2　经由 SSH 连接

联系远程文件仓库的默认（也是推荐）方式是 HTTPS。另一种可用的方法是 SSH。这两种方法都能提供安全（也是加密）的连接。通常情况下，我们推荐使用 HTTPS，原因如下。

- 使用 HTTPS 无须额外设置。如果选择使用 SSH，那么你必须生成一个 SSH 密钥，并把它上传到远程文件仓库。
- 使用 HTTPS 时，Git 会使用一个名为**凭证助手**的特性，自动地缓存你的密码。这意味着当你连接到远程文件仓库时，不用每次都提供密码。这种特性也可以在 SSH 中配置，但不会自动进行（你需要使用一种名为 **ssh 代理**的特性来进行配置）。
- 第三种可能的原因与防火墙有关。在带有严格防火墙的保密性非常高的网络中，相比于 SSH 网络端口，HTTPS 网络端口更有可能是"开放"的。

这并不是说你不能使用 SSH，只是 Git 开发人员建议使用 HTTPS。如果你确实想使用 SSH，那么首先需要执行以下命令：

```
ocs@ubuntu:~/ocs$ ssh-keygen -t rsa
```

这会在~/.ssh/id_rsa.pub 文件中生成一个 SSH 密钥。你必须把这个文件上传到 SSH 服务器中，通常你可以使用 Web 界面来完成这个操作。图 15-3 中给出了 gitlab.com 上的一个 Web 界面示例。

图 15-3　上传 SSH 密钥至 gitlab.com

将 SSH 密钥上传至远程文件仓库服务器之后，你就可以使用支持 SSH 的 git 命令代替 HTTP 了，语法如下：

```
git clone ssh://user@server/project.git
```

另一种常用方法的语法如下：

```
git clone user@server:project.git
```

## 15.2 补丁操作

补丁的思想就是你会发现这样一种情形：在两个不同分支之间执行简单的合并操作是非常困难的。出现这种情形的原因有好几种，主要原因如下：

- ❑ 你想实现一个分支上的修改，而这个分支却没有在中央文件仓库中；
- ❑ 你想实现文件某个特定版本上的修改。

实际上有若干种技术可以用来进行补丁操作，最基本（也是最常用）的方法是使用在第 14 章中讨论过的 `git diff` 命令生成一个差异文件。要生成这个文件，可以执行 `git diff` 命令并将其输出重定向到一个文件。例如：

```
git diff A B > file.patch
```

你可以使用这个补丁文件来修改一个已有的签出文件，使其包含这些差异。这是通过执行 `git apply` 命令完成的。例如：

```
git apply file.patch
```

我们通常在一个系统上生成补丁文件，然后将其复制到另一个系统上再进行应用。在实际应用之前，使用`--check`选项来测试补丁一般是一种好的做法：

```
git apply --check file.patch
git apply file.patch
```

**Git 小幽默**

"好好呵护你的 git 小苗吧，它终会长成参天大树。"

——佚名

## 15.3 小结

在这一章，你学习了如何管理文件仓库，还学习了如何将连接远程文件仓库的方法从 HTTPS 更改为 SSH。最后，我们介绍了 Git 中补丁操作的概念。

**15**

# 版 权 声 明

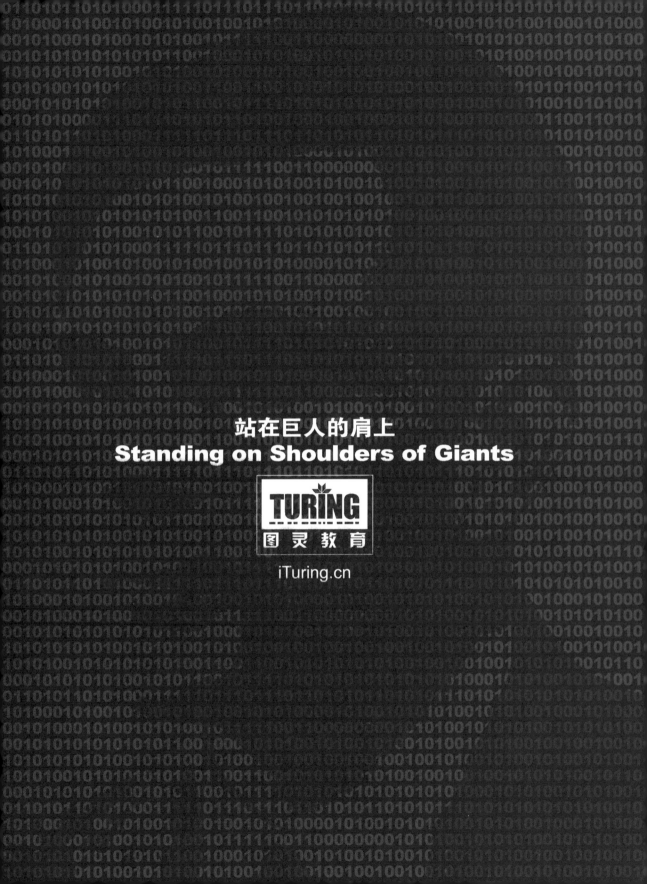

站在巨人的肩上
Standing on Shoulders of Giants

TURING
图灵教育

iTuring.cn

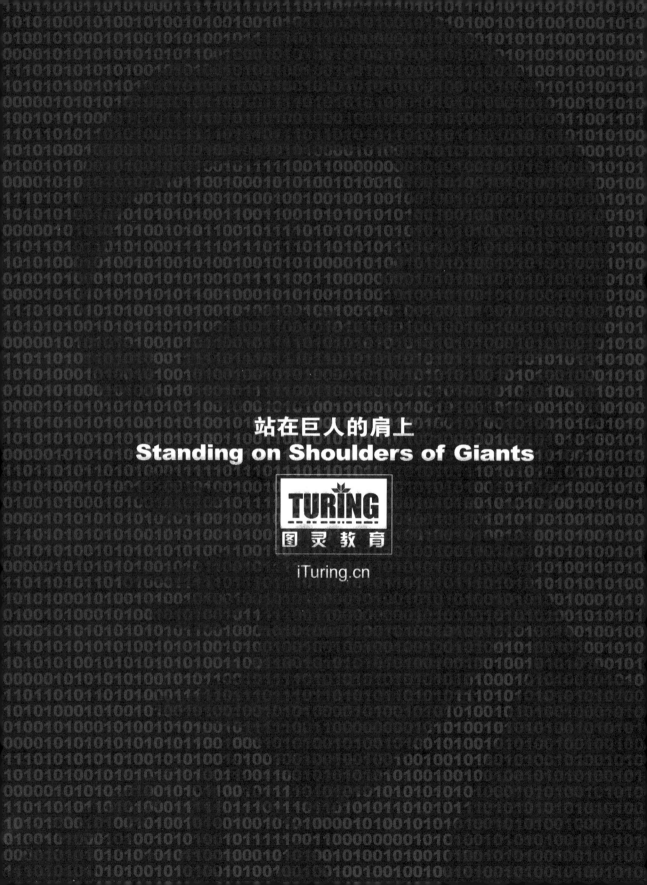

站在巨人的肩上
Standing on Shoulders of Giants

iTuring.cn